Stationenlernen Geometrie

5.-6. Schuljahr

2. Auflage 2015

Inhalt: Hans-J. Schmidt
Coverbild: © Rulan & Volondoff - AdobeStock.com
Redaktion: Kohl-Verlag
Grafik & Satz: Kohl-Verlag
Druck: Elanders Druck, Waiblingen

Bestell-Nr. 11 594

ISBN: 978-3-95686-571-8

Kontakt: Kohl-Verlag, An der Brennerei 37-45, 50170 Kerpen
Tel: +49 2275 331610, Mail: info@kohlverlag.de

INHALT

! Grundaufgaben; ★ Expertenaufgaben

INHALT

! Grundaufgaben; ★ Expertenaufgaben

KOHL VERLAG Stationenlernen Geometrie / 5.-6. Schuljahr - Best.-Nr. 11 594

INHALT

! Grundaufgaben; ★ Expertenaufgaben

INHALT

! Grundaufgaben; ★ Expertenaufgaben

ANLEITUNG

Sehr geehrte Kollegen und Kolleginnen,

dieses Werk zum Stationenlernen Geometrie soll Ihnen Ihre alltägliche Arbeit erleichtern. Dabei war es uns besonders wichtig Stationen zu kreieren, die möglichst schüler- und handlungsorientiert sind und mehrere Lerneingangskanäle ansprechen. Denn nur so kann Wissen langfristig gesichert und auch wieder abgerufen werden. Die Reihenfolge der Stationen ist frei wählbar. Dadurch können die Schüler in ihrem individuellen Arbeits- und Lerntempo vorgehen. Aber auch Sie als Lehrer können die Karten in unterschiedlichen Reihenfolgen verwenden. Durch den individuell ausfüllbaren Laufzettel wird bei dieser differenzierten Arbeitsform stets der Überblick gewahrt. Die Materialien eignen sich dank der möglichen Hilfestellungen durch die Tipp-Karten auch hervorragend für das selbstständige Lernen oder die Selbstlernzeit.
Im hinteren Bereich des Hefts finden Sie Tipp-Karten zu einzelnen Stationen.

Stationen:

Die Stationszettel enthalten bewusst keine Nummerierung, um einen flexiblen Einsatz zu gewährleisten. So kann jeder selbst entscheiden, welche Station bearbeitet werden soll. Dies können sowohl Stationen aus einem Bereich sein, ebenso gut dürfen auch Aufgaben aus allen Bereichen vermischt werden. Nach Belieben können Sie die Stationen jedoch auch nummerieren, um den Schülern die Zuordnung zu erleichtern.

Grund- und Expertenaufgaben:

Innerhalb der Bereiche gibt es Grundaufgaben, die mit einem Ausrufezeichen markiert sind, und Expertenaufgaben, die mit einem Stern gekennzeichnet sind. Die Grundaufgaben sollen von allen Schülern bearbeitet werden. Schwächere Schüler können hier oft auf Tipp-Karten zurückgreifen.
Die Expertenaufgaben enthalten vertiefende oder weiterführende Inhalte. Selbstverständlich können Sie je nach Leistungsstand Ihrer Klasse problemlos Stationen anders kennzeichnen, indem Sie **!** oder ★ übermalen und anders kennzeichnen.

Tipp-Karten:

Wie bereits erwähnt, gibt es für einige Grundaufgaben Tipp-Karten. Es empfiehlt sich, die Tipp-Karten z. B. in Briefumschlägen verpackt den Stationen beizulegen oder sie sogar an einem separaten Ort zu platzieren. So überlegen die Kinder eher, ob sie einen Tipp benötigen oder nicht, und werden nicht so stark dazu verleitet, aus Bequemlichkeit einen Blick darauf zu werfen.

Lösungen:

Wer die Aufgaben der Schüler korrigiert, hängt zum einen von der Lerngruppe und zum anderen von den Vorlieben des unterrichtenden Lehrers ab. So können Sie die Verbesserung der Schüleraufgaben selbst übernehmen, oder diese Aufgabe in die Verantwortung der Kinder übergeben. In diesem Fall haben Sie die Möglichkeit, die Karten einfach auszuschneiden und zu laminieren. Es befindet sich dann direkt auf der Rückseite der Aufgabe die passende Lösung zur einfachen Selbstkontrolle. Alternativ können Sie die Seiten jedoch auch kopieren und die Lösungen, für die Schüler erkenntlich markiert, an einem passenden Ort positionieren.

Stationen-Laufzettel:

Der Stationen-Laufzettel ist so konzipiert, dass die Lehrkraft oder die Schüler die Stationsnummer (alternativ den Bereich) sowie den Stationsnamen eintragen. Die Kinder haken dann ab, wenn sie eine Station erledigt haben. Ein weiterer Haken wird gesetzt, wenn die Station korrigiert wurde. Dies geschieht entweder durch den Lehrer oder die Schüler selbst.

Symbole:

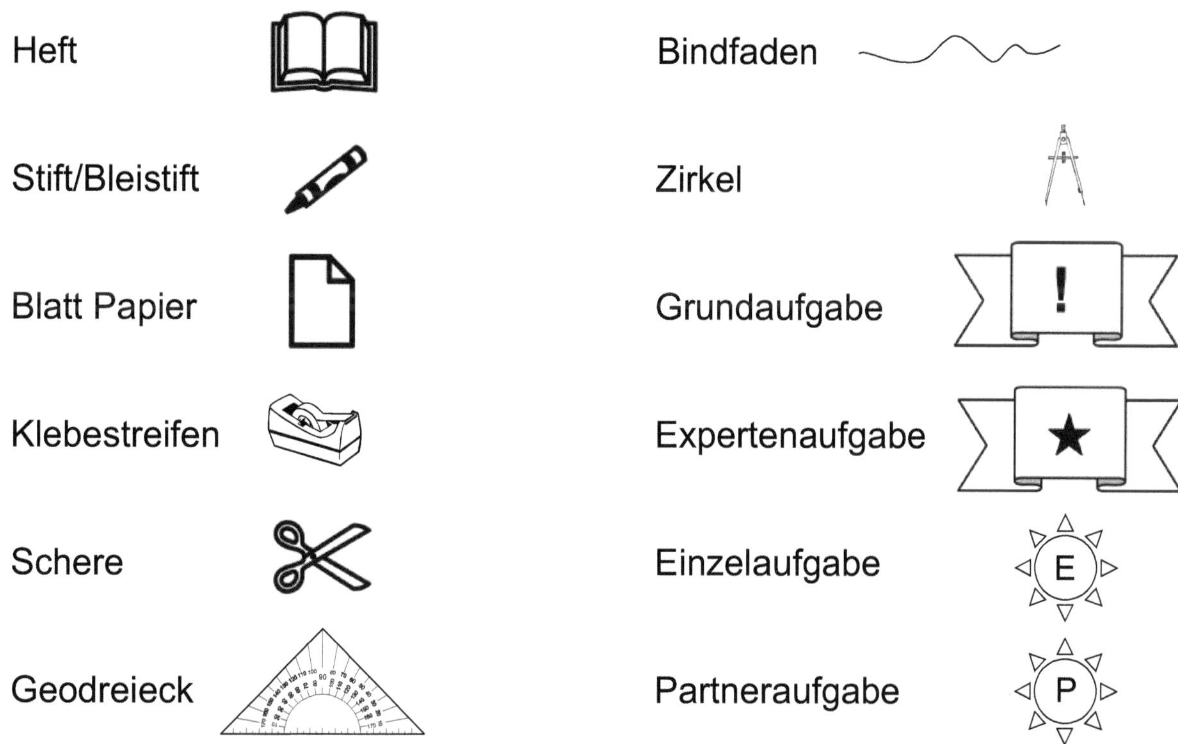

Nach dieser kurzen Einführung wünschen Ihnen viel Freude und Erfolg beim Einsatz der Materialien der Kohl-Verlag und

Hans-J. Schmidt

Name: ______________________________ Datum: ____________________

Stationen-Laufzettel

Grundaufgaben

!

Station	Stationsname	erledigt ✓	korrigiert ✓

Expertenaufgaben:

★

Station	Stationsname	erledigt ✓	korrigiert ✓

Station E

Übungen mit Mustern

!

Setze die vorgegebene Figur noch fünfmal in die Reihe. Du kannst dein Bild farbig ausmalen.

A

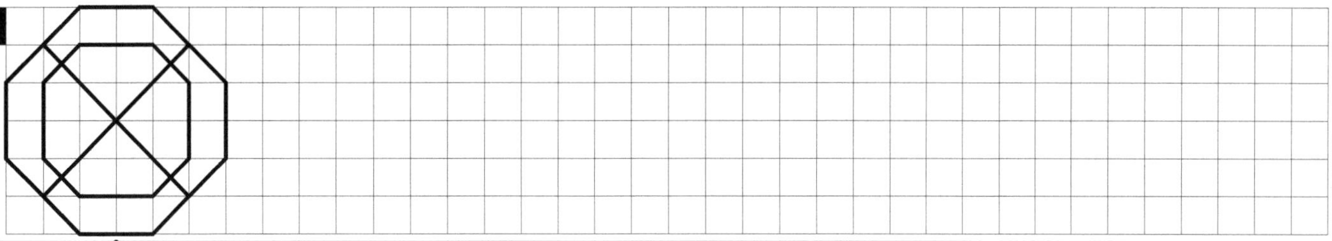

B

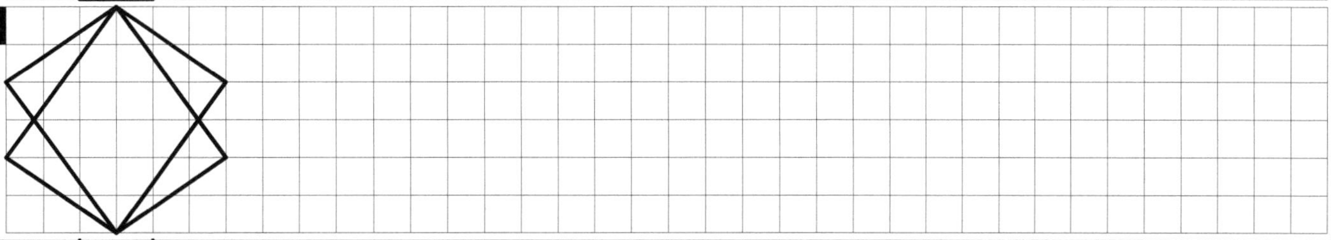

C

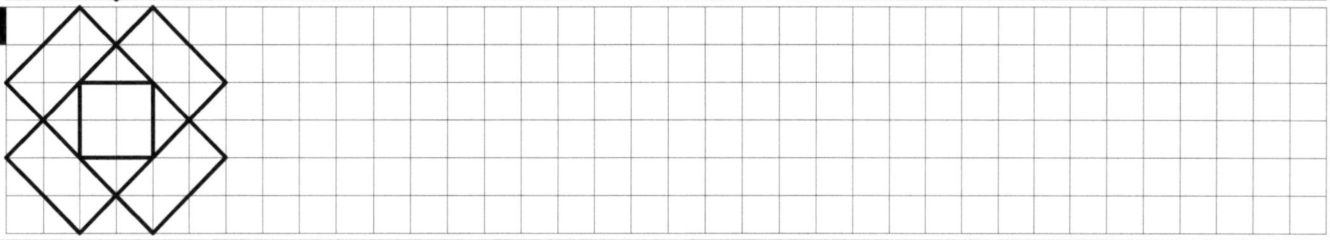

Station E

Übungen mit Mustern: Parkettieren

★

Parkettiere mit den vorgegebenen Figuren die Fläche so weit wie möglich.

A

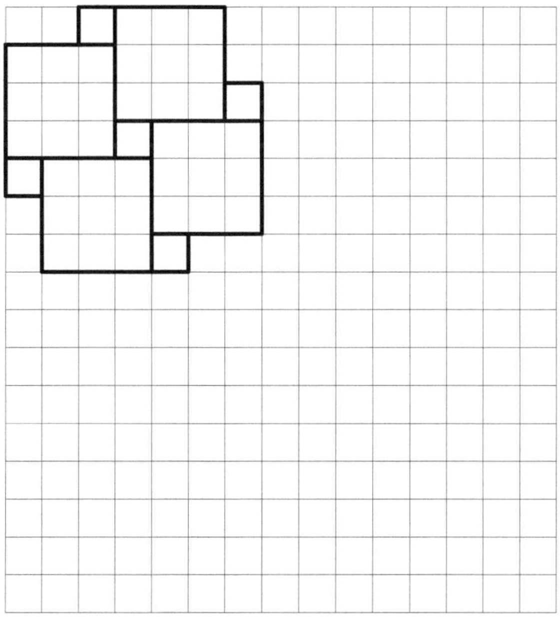

B

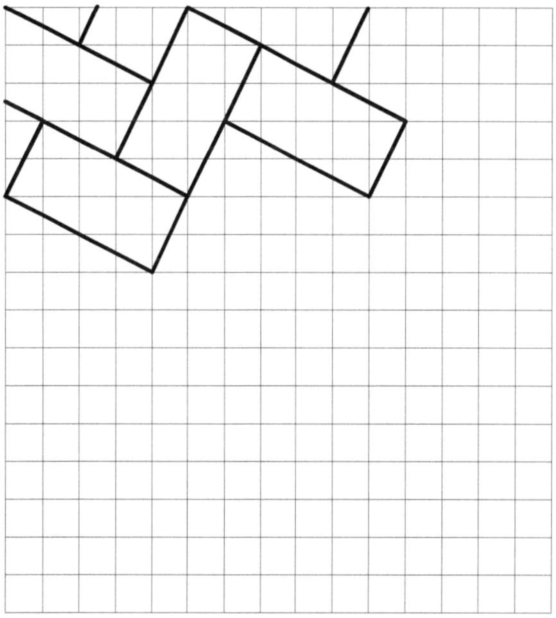

E

Station

Übungen mit Mustern

!

Setze die vorgegebene Figur noch fünfmal in die Reihe. Du kannst dein Bild farbig ausmalen.

A

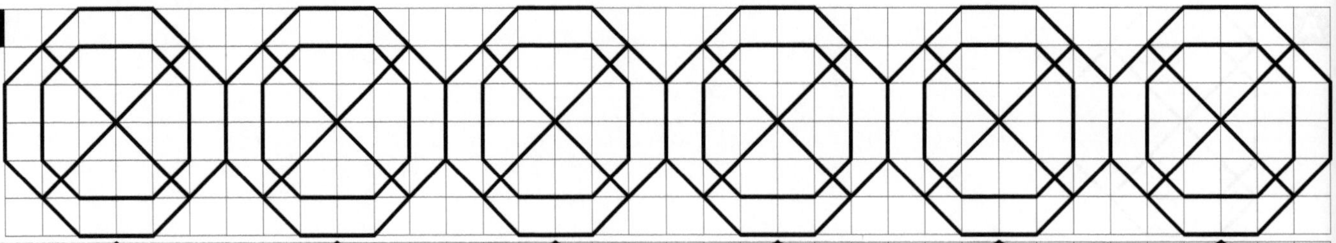

B

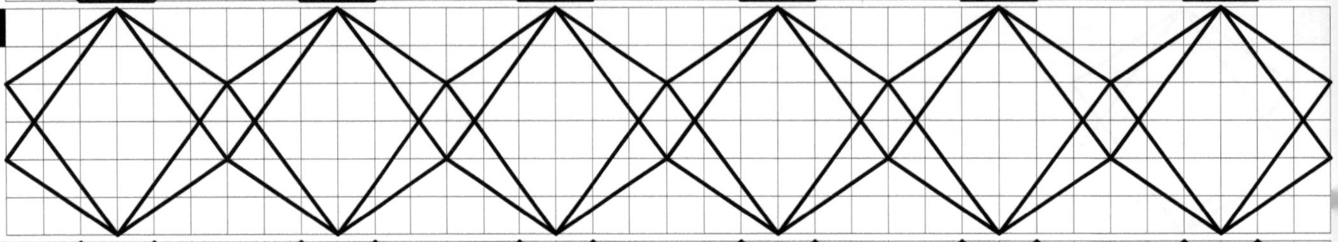

C

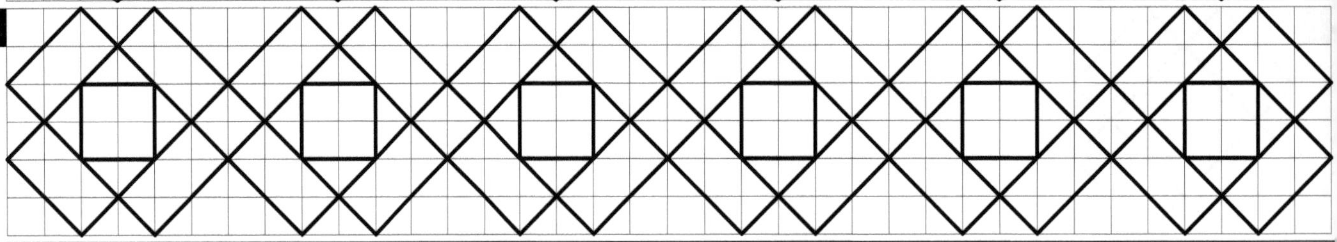

E

Station

Übungen mit Mustern: Parkettieren

★

Parkettiere mit den vorgegebenen Figuren die Fläche so weit wie möglich.

A

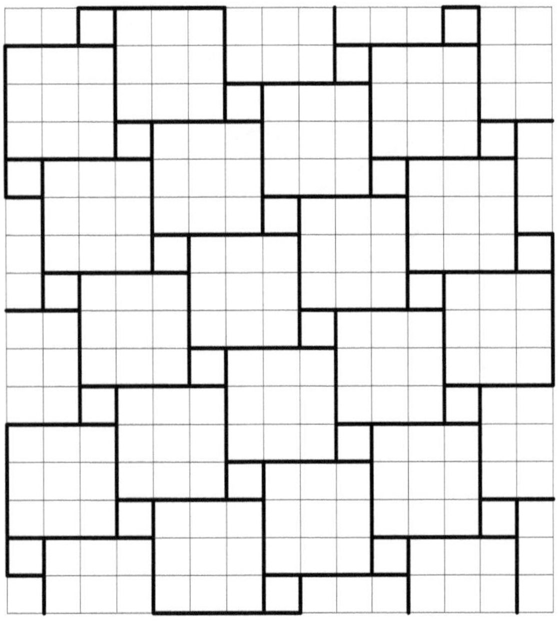

B

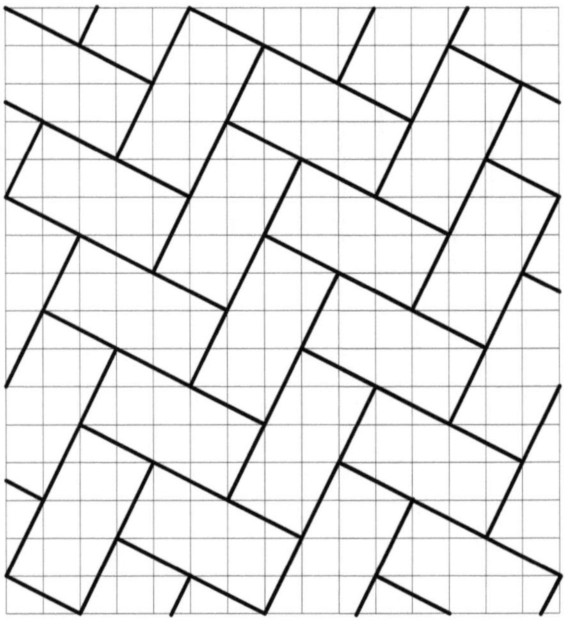

Station

Das Koordinatensystem

Tragt die angegebenen Punkte in das Koordinatensystem ein.

A A(1|3), B(4|4), C(0|2), D(6|5), E(3|0), F(5|7), G(2|1), H(7|6)

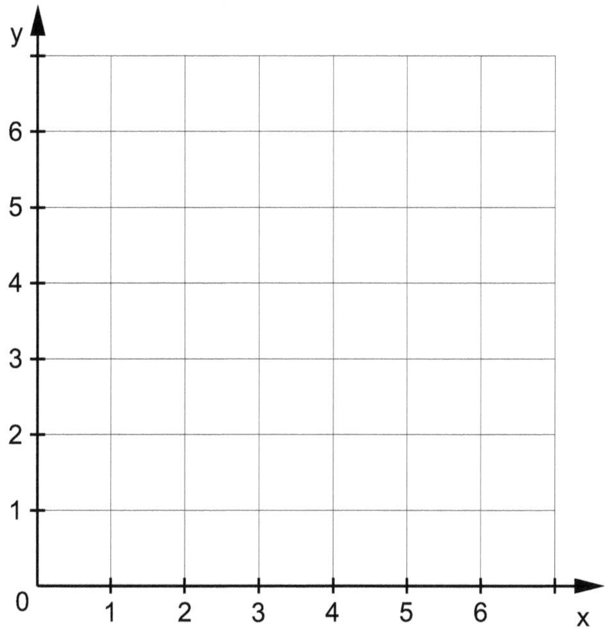

y
6
5
4
3
2
1
0
1
2
3
4
5
6
x

B A(6|0), B(4|6), C(0|4), D(2|3), E(7|7), F(1|1), G(5|2), H(3|5)

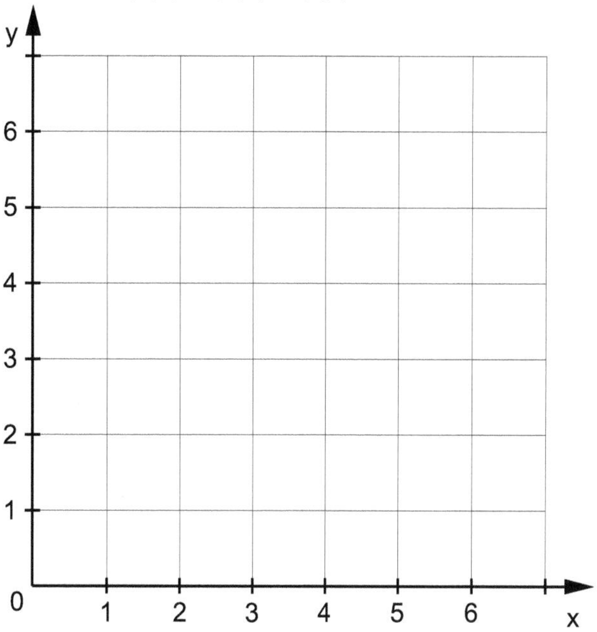

y
6
5
4
3
2
1
0
1
2
3
4
5
6
x

Station

Das Koordinatensystem

Bestimmt jeweils die fehlende Koordinate des Punktes.

A

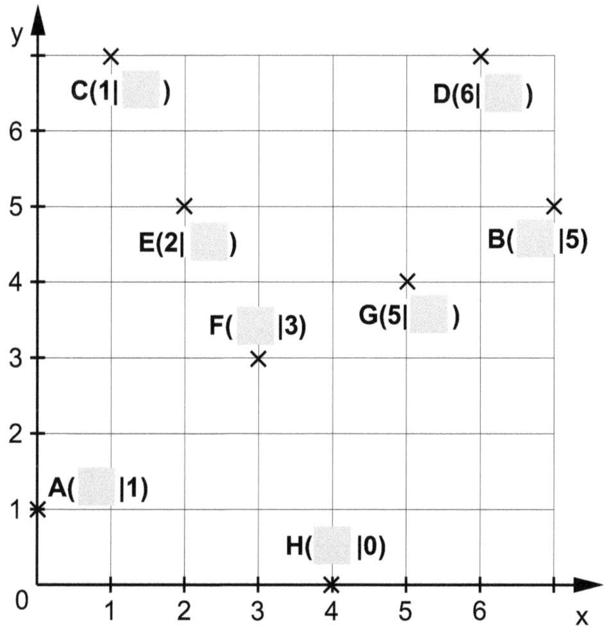

C(1|)
D(6|)
E(2|)
B(|5)
F(|3)
G(5|)
A(|1)
H(|0)

B

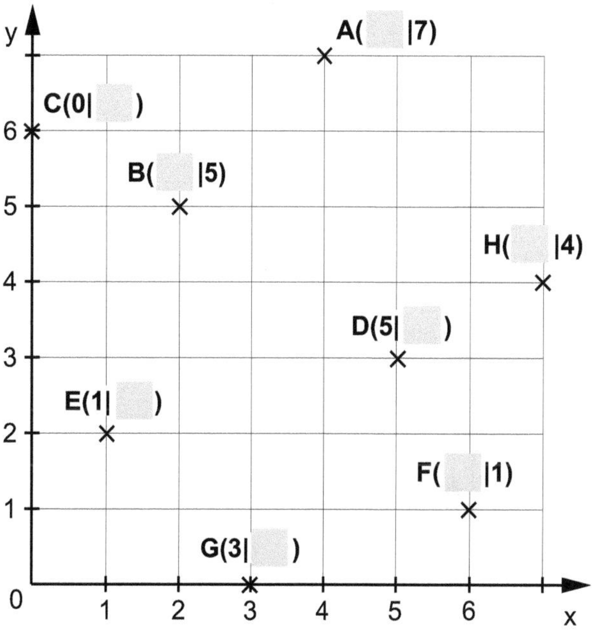

A(|7)
C(0|)
B(|5)
H(|4)
D(5|)
E(1|)
F(|1)
G(3|)

Station

Das Koordinatensystem

Tragt die angegebenen Punkte in das Koordinatensystem ein.

A A(1|3), B(4|4), C(0|2), D(6|5), E(3|0), F(5|7), G(2|1), H(7|6)

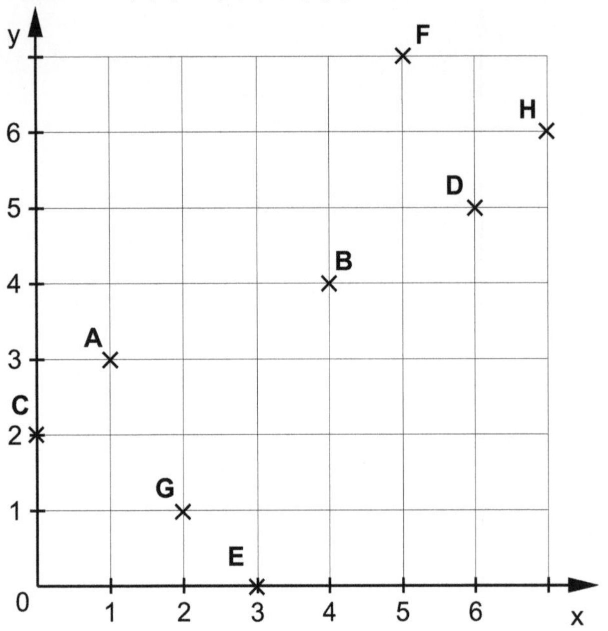
y
x
0
1
2
3
4
5
6
F
H
D
B
A
C
G
E

B A(6|0), B(4|6), C(0|4), D(2|3), E(7|7), F(1|1), G(5|2), H(3|5)

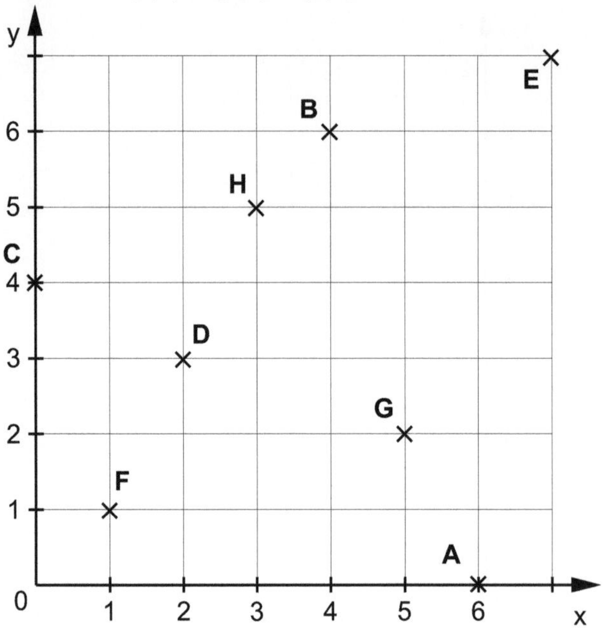
y
x
0
1
2
3
4
5
6
E
B
H
C
D
G
F
A

Station

Das Koordinatensystem

Bestimmt jeweils die fehlende Koordinate des Punktes.

A

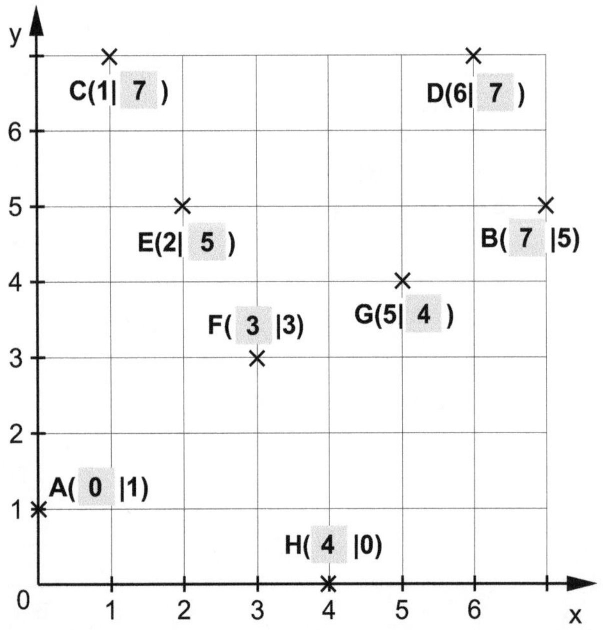
y
x
0
1
2
3
4
5
6
C(1| 7)
D(6| 7)
E(2| 5)
B(7 |5)
F(3 |3)
G(5| 4)
A(0 |1)
H(4 |0)

B

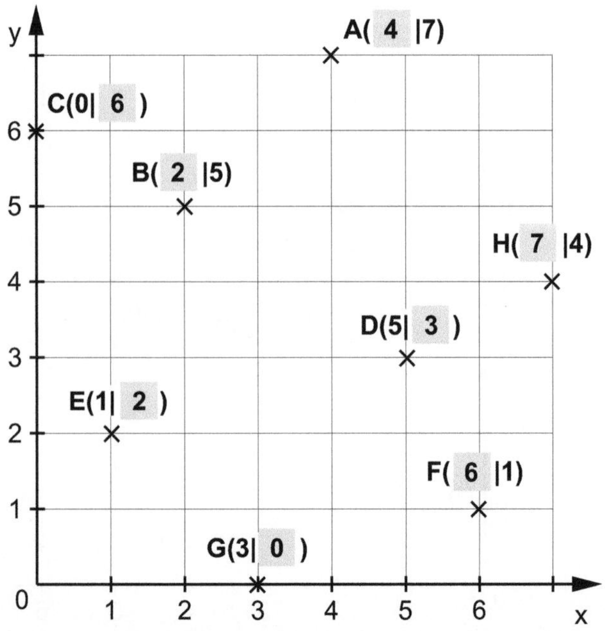
y
x
0
1
2
3
4
5
6
A(4 |7)
C(0| 6)
B(2 |5)
H(7 |4)
D(5| 3)
E(1| 2)
F(6 |1)
G(3| 0)

E

Station

Übungen mit Mustern

!

Setze die vorgegebene Figur noch fünfmal in die Reihe. Du kannst dein Bild farbig ausmalen.

A

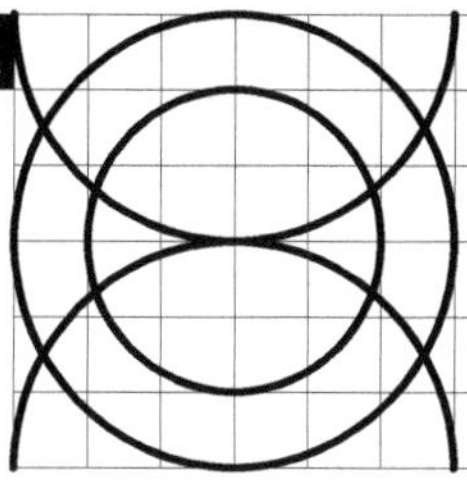

B

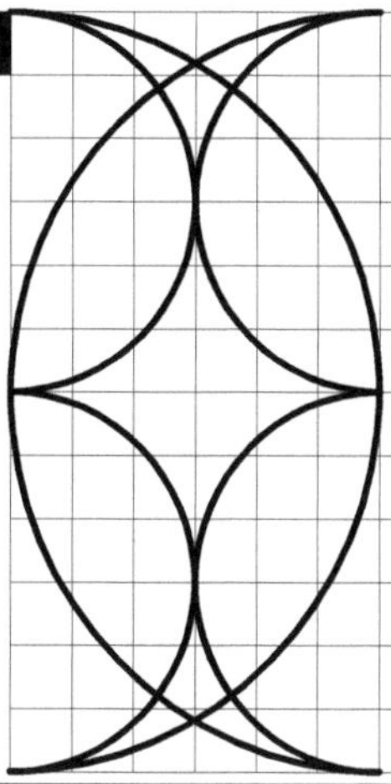

E

Station

Schrägbilder zeichnen

★

Du schaffst es ganz bestimmt, die vorgegebenen Schrägbilder in die freien Felder zu übertragen.

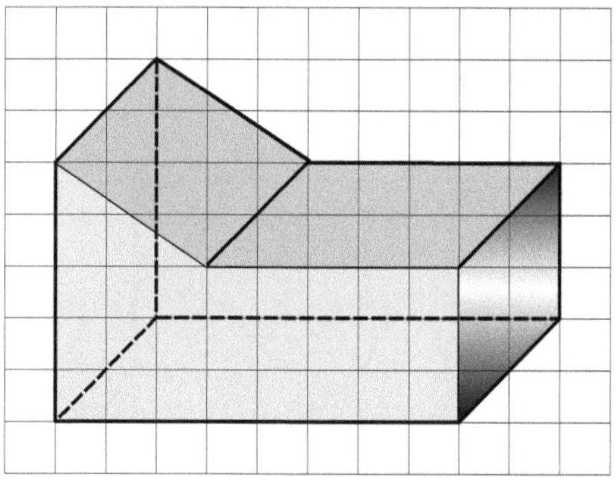

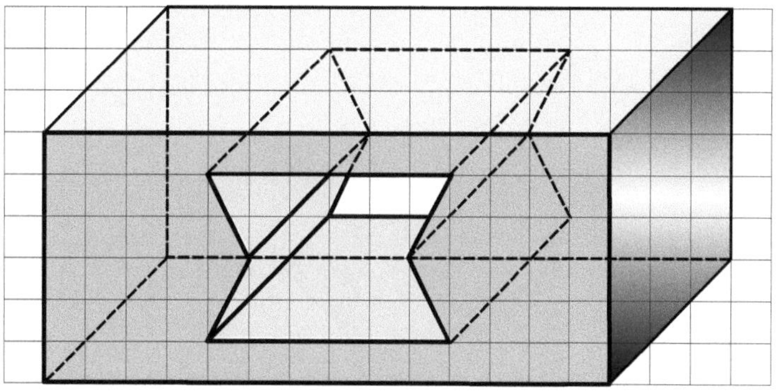

E

Station

!

Übungen mit Mustern

Setze die vorgegebene Figur noch fünfmal in die Reihe. Du kannst dein Bild farbig ausmalen.

A

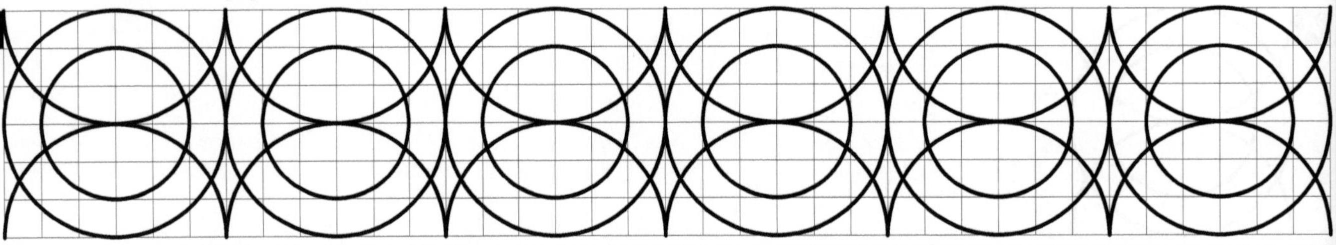

B

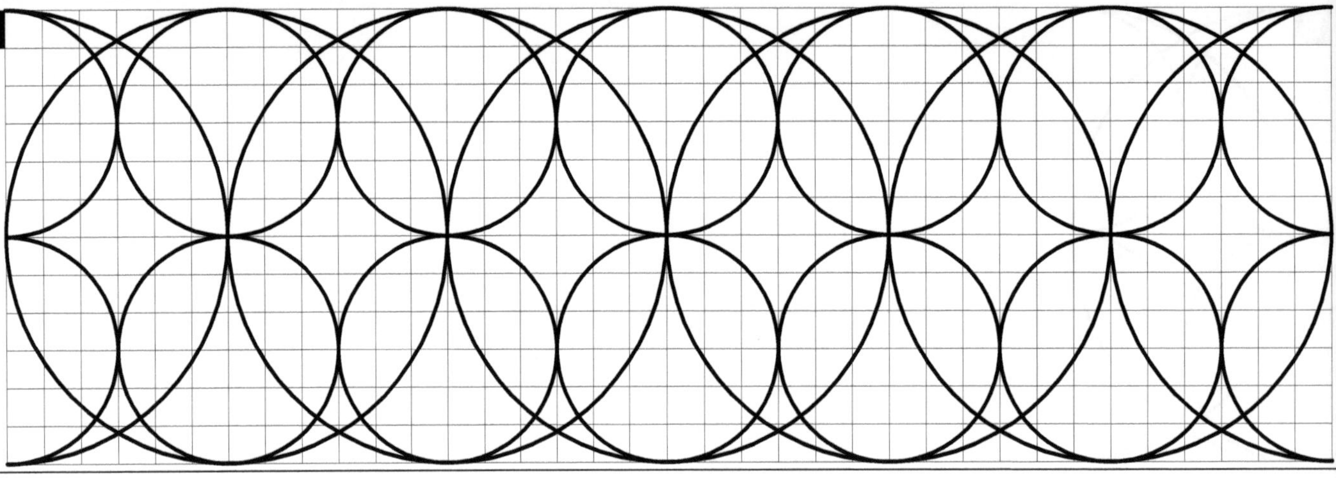

E

Station

★

Schrägbilder zeichnen

Du schaffst es ganz bestimmt, die vorgegebenen Schrägbilder in die freien Felder zu übertragen.

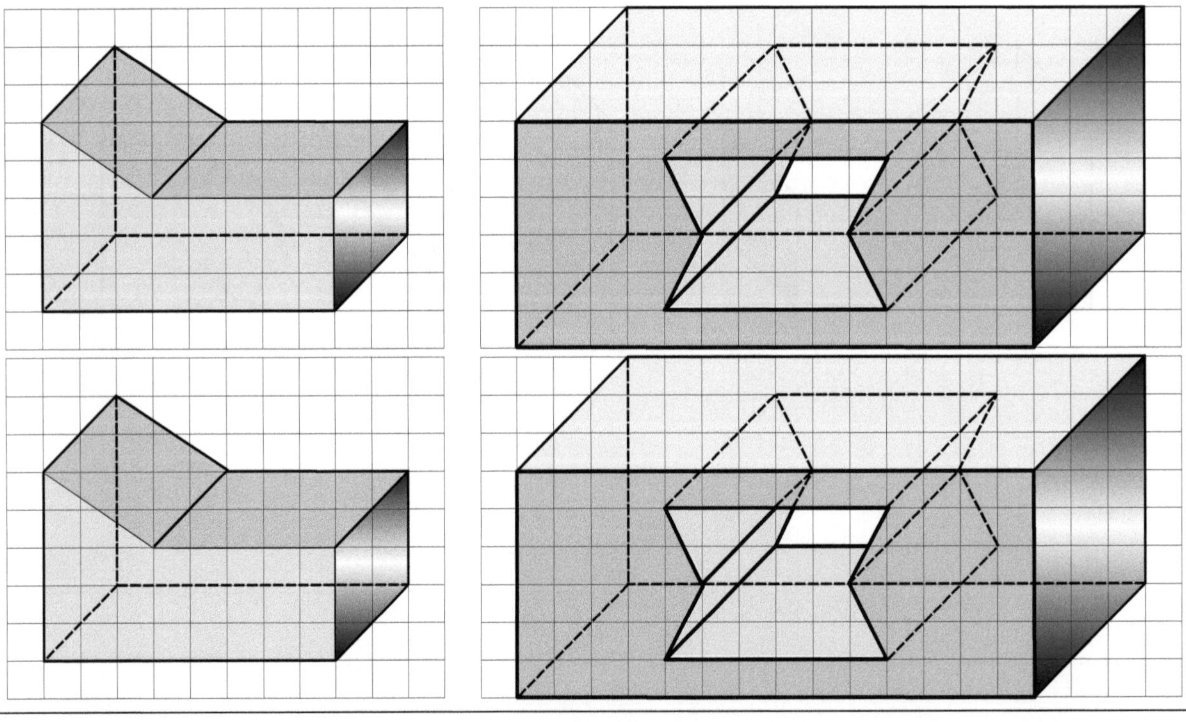

P

Station

Erzeugung drehsymmetrischer Figuren

Wenn ihr die vorgegebenen Figuren jeweils um zwei Teilstriche (20°) weiterdreht und nachzeichnet, erhaltet ihr wunderschöne drehsymmetrische Figuren, die du und dein Partner farbig ausmalen könnt.

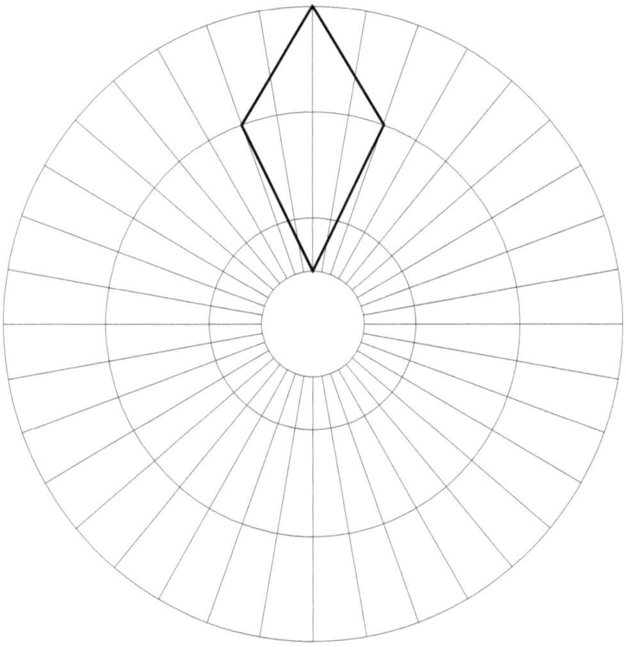

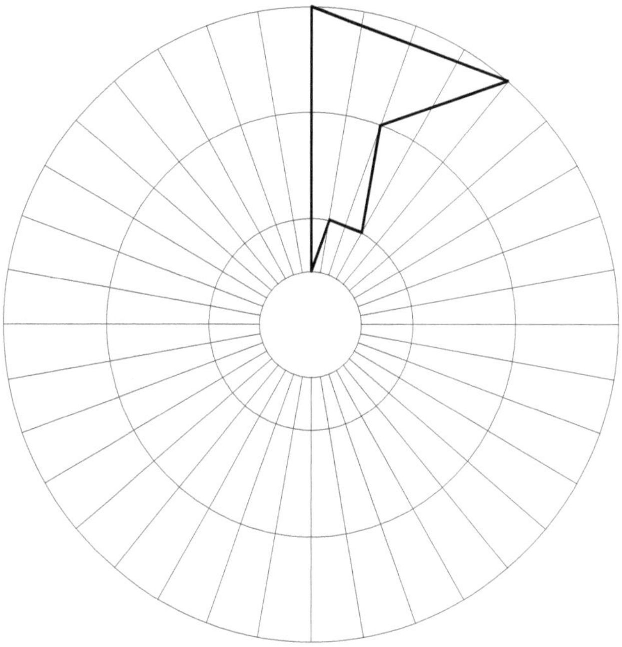

E

Station

Spiegeln im Gitternetz

Im rechten Spiegelbild haben sich 10 Fehler eingeschlichen. Findest du sie alle?

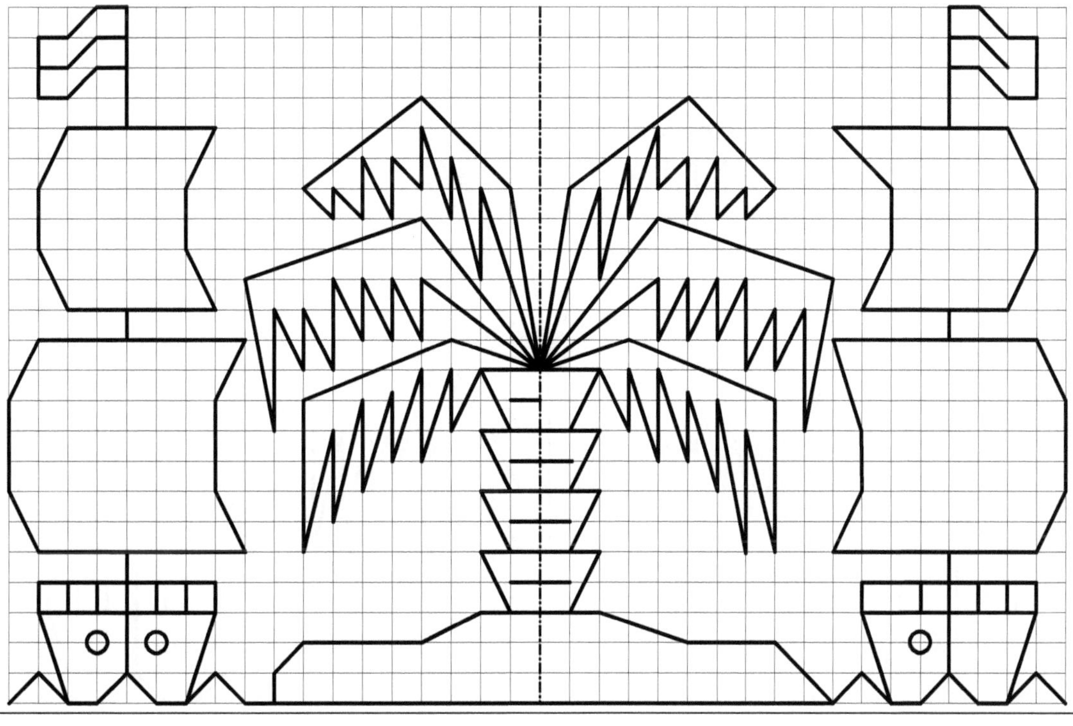

Station P

Erzeugung drehsymmetrischer Figuren

Wenn ihr die vorgegebenen Figuren jeweils um zwei Teilstriche (20°) weiterdreht und nachzeichnet, erhaltet ihr wunderschöne drehsymmetrische Figuren, die du und dein Partner farbig ausmalen könnt.

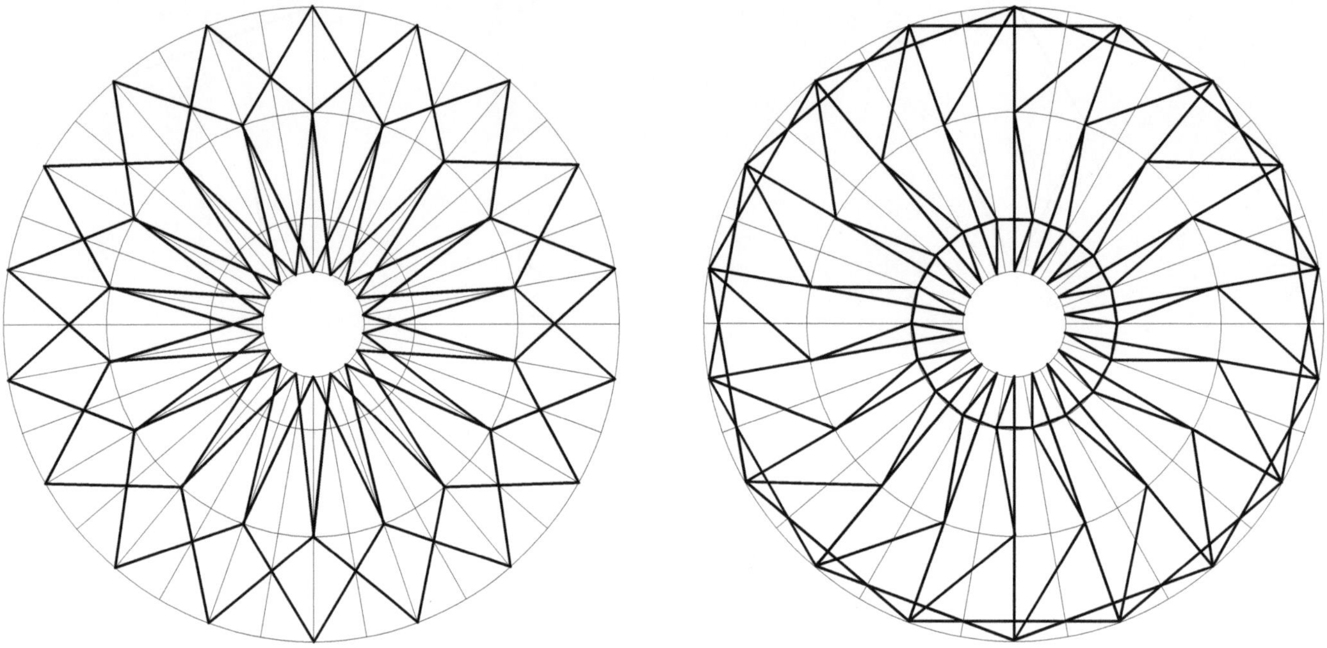

Station E

Spiegeln im Gitternetz

Im rechten Spiegelbild haben sich 10 Fehler eingeschlichen. Findest du sie alle?

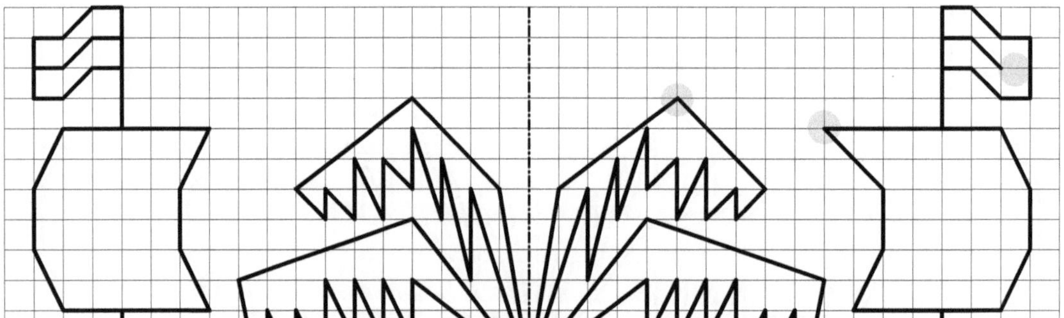

Station

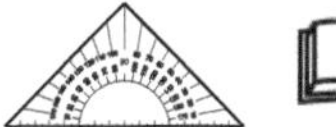

Spiegeln im Gitternetz

Spiegele an der gekennzeichneten Achse. Du kannst dein fertiges Bild farbig ausmalen.

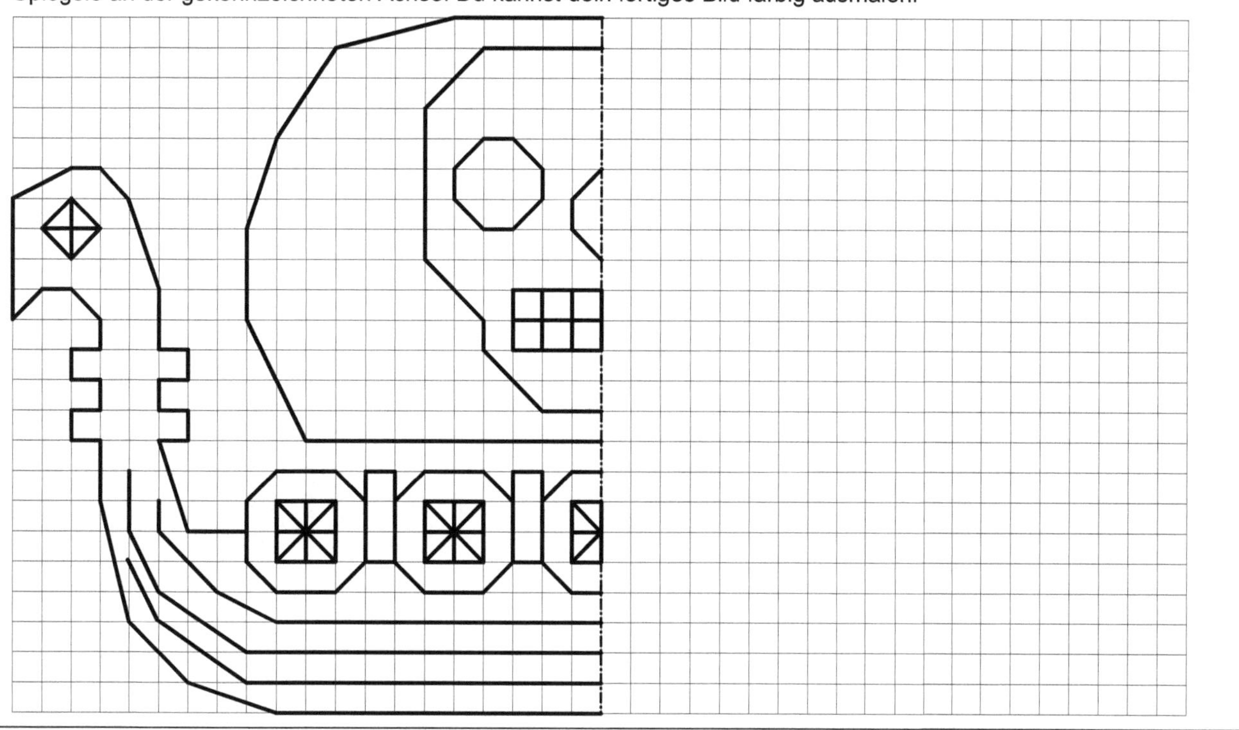

Station

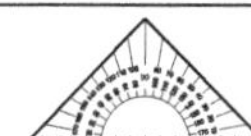

Ansichten von Körpern

Wie sehen die einzelnen Körper von oben gesehen aus? Welche Ansicht gehört zu welchem Körper? Verbinde den entsprechenden Buchstaben mit der dazugehörigen Zahl.

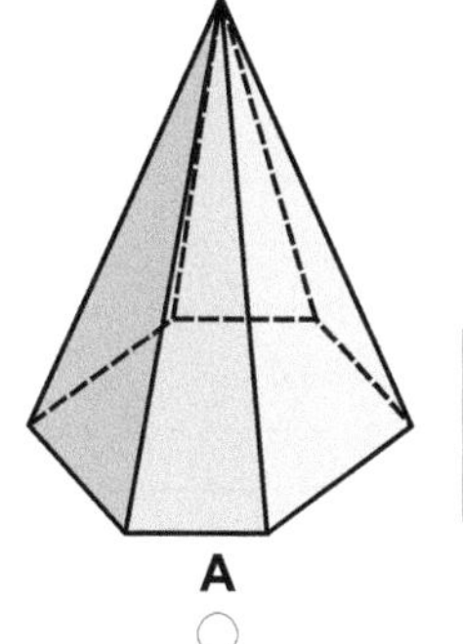
A

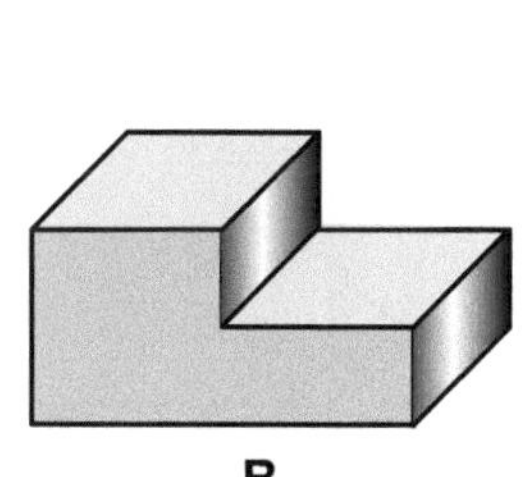
B

C

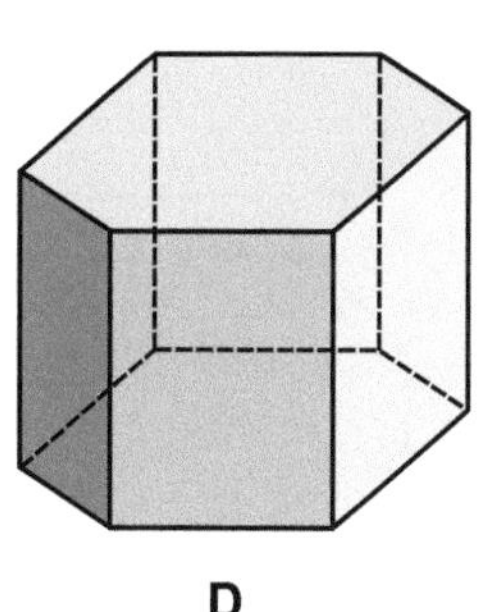
D

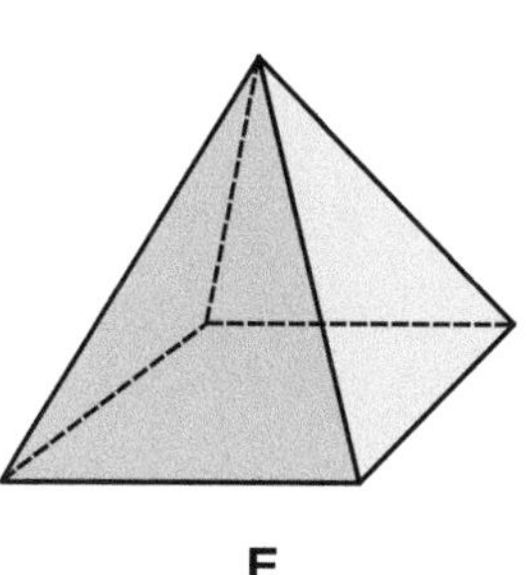
E

1
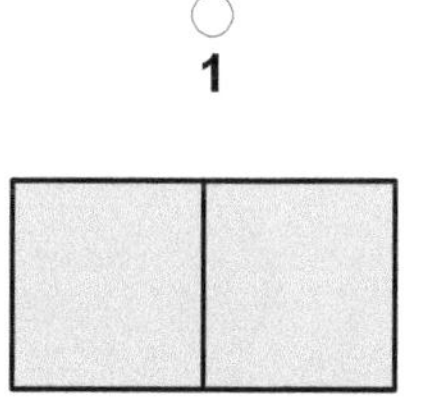

2
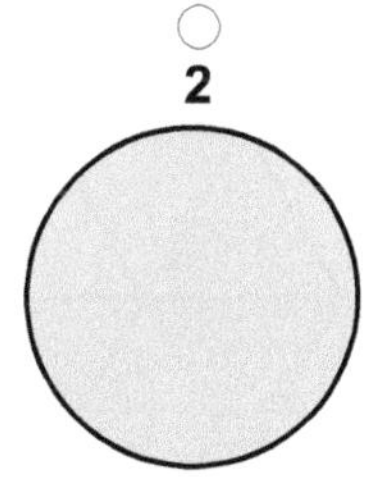

3
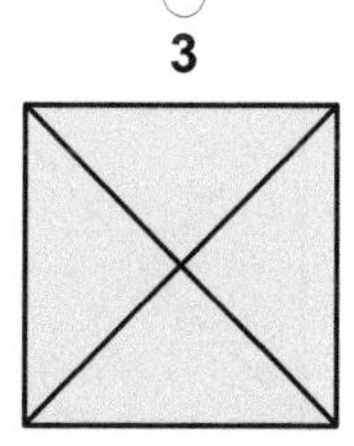

4
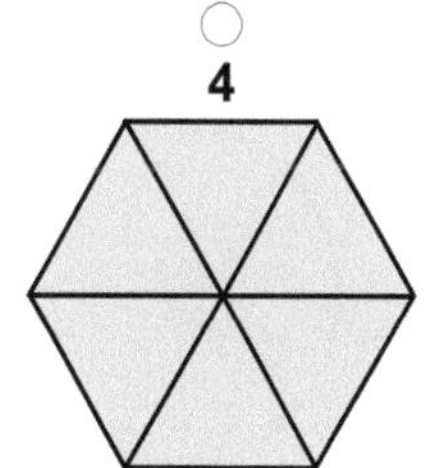

5
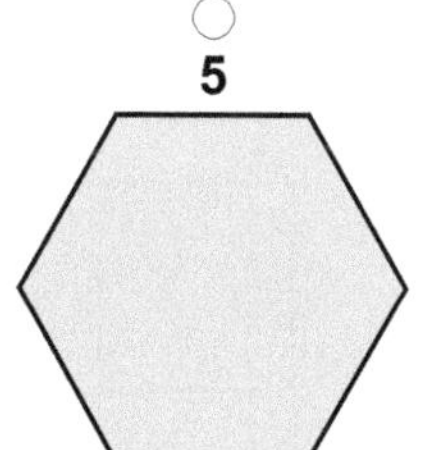

Station

Spiegeln im Gitternetz

Spiegele an der gekennzeichneten Achse. Du kannst dein fertiges Bild farbig ausmalen.

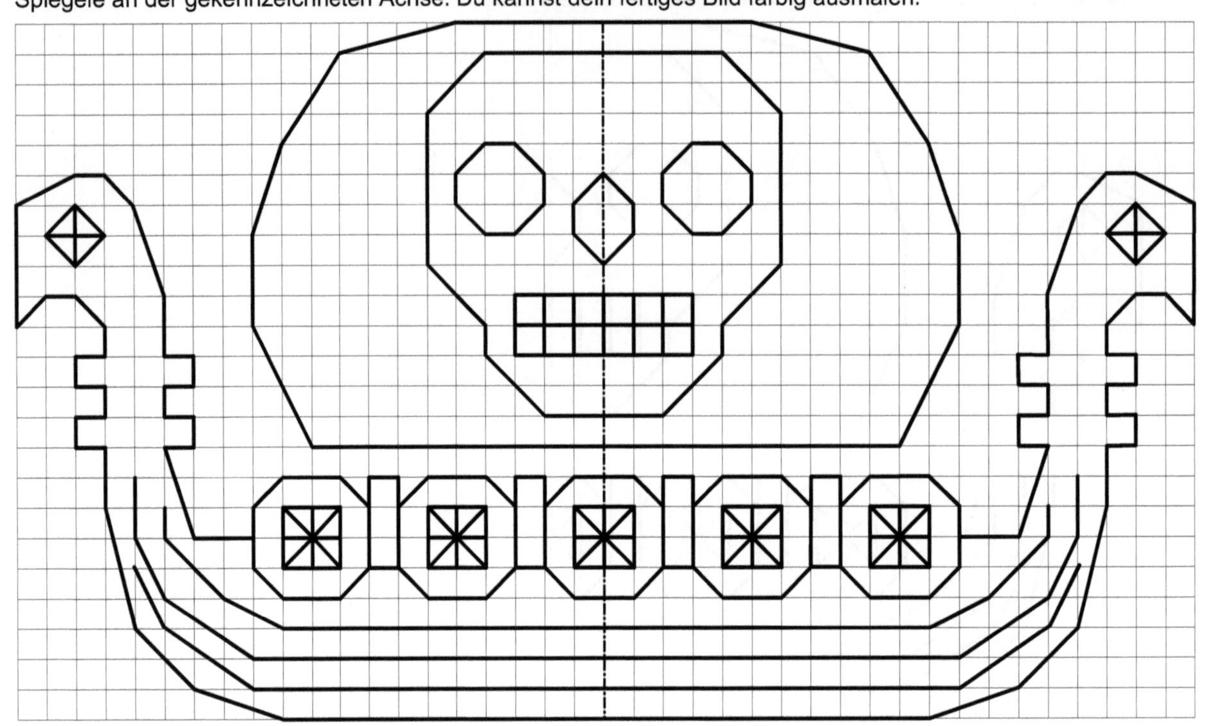

Station

Ansichten von Körpern

Wie sehen die einzelnen Körper von oben gesehen aus? Welche Ansicht gehört zu welchem Körper? Verbinde den entsprechenden Buchstaben mit der dazugehörigen Zahl.

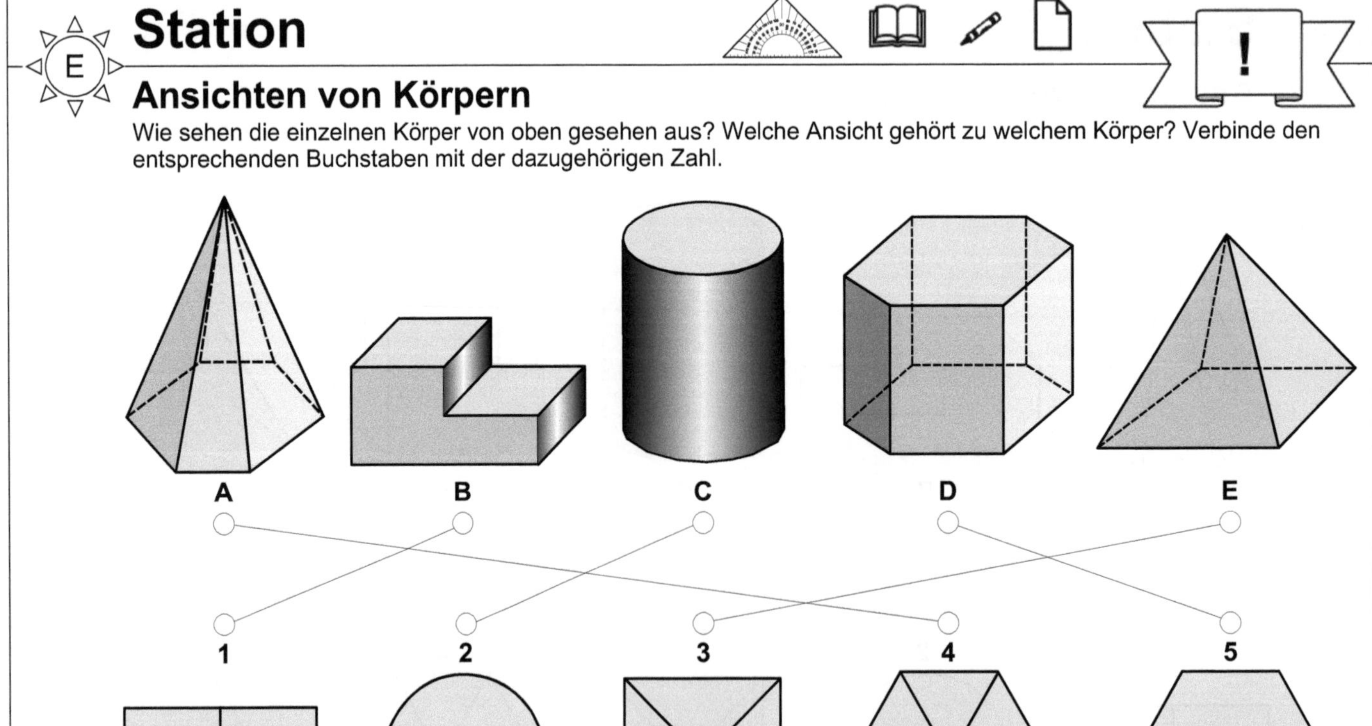

Station E

Vergrößern und Verkleinern

Vergrößere die vorgegebenen Buchstaben im Maßstab 3 : 1.

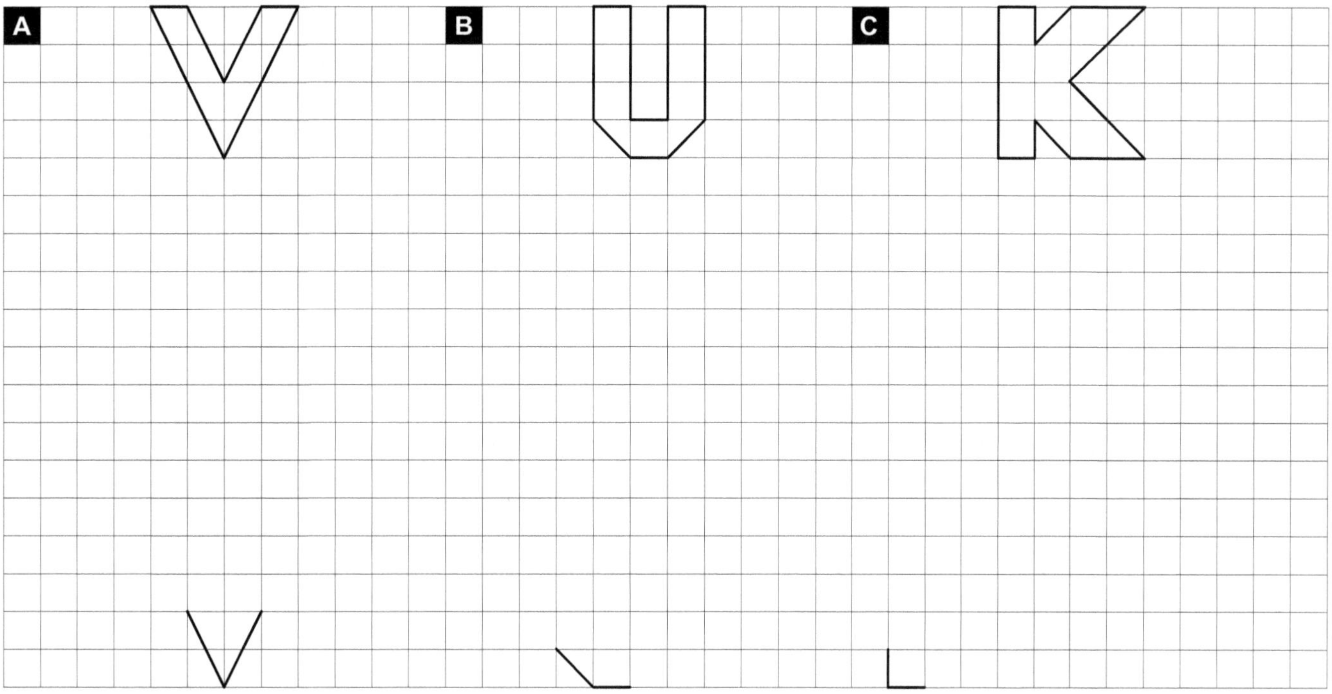

A

B

C

Station E

Spiegeln mit dem Geodreieck

Eine Figur zu spiegeln, ohne ein Gitternetz zur Verfügung zu haben, ist ganz schön kompliziert.
Versuche es trotzdem mal, das Spiegelbild mit dem Geodreieck zu erstellen.

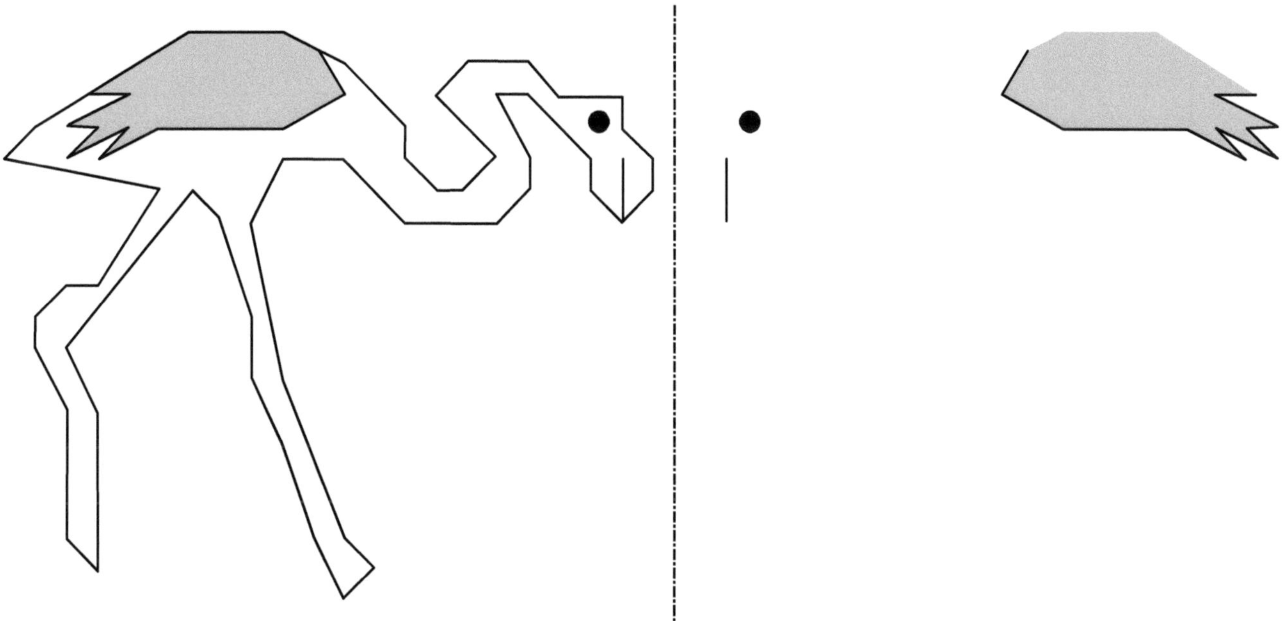

E

Station

Vergrößern und Verkleinern

Vergrößere die vorgegebenen Buchstaben im Maßstab 3 : 1.

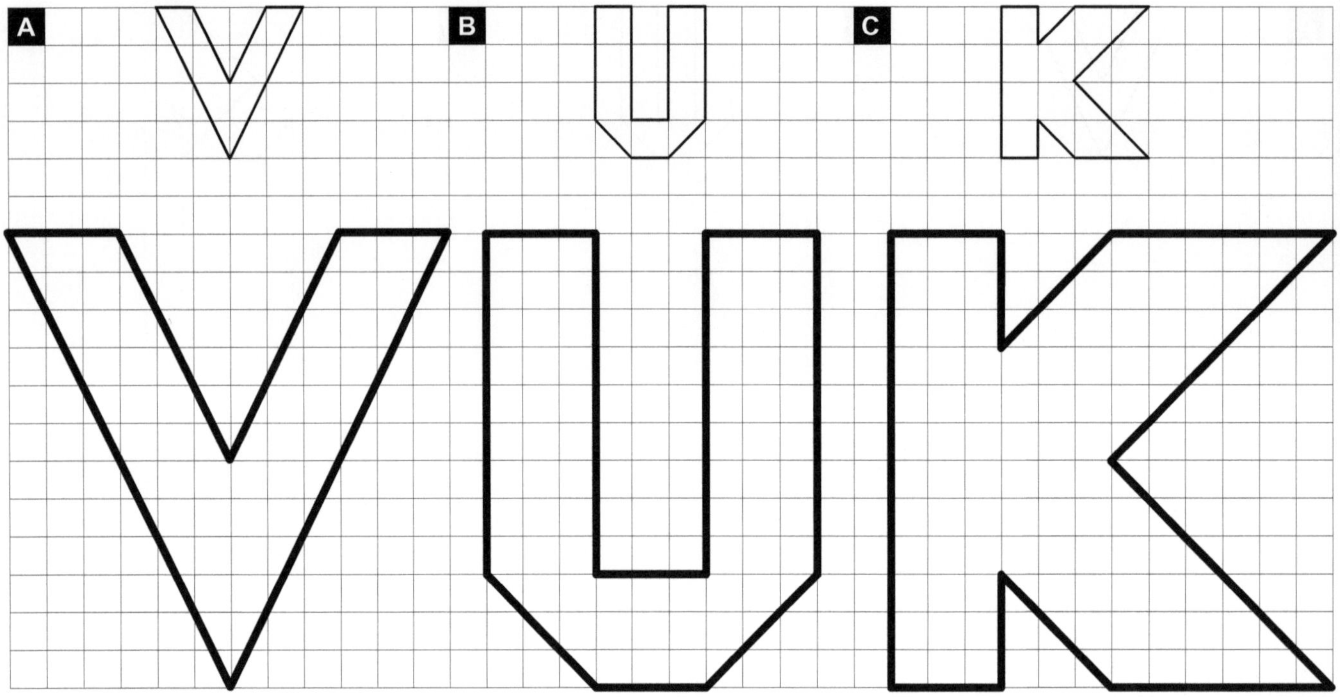

A B C

E

Station

Spiegeln mit dem Geodreieck

Eine Figur zu spiegeln, ohne ein Gitternetz zur Verfügung zu haben, ist ganz schön kompliziert.
Versuche es trotzdem mal, das Spiegelbild mit dem Geodreieck zu erstellen.

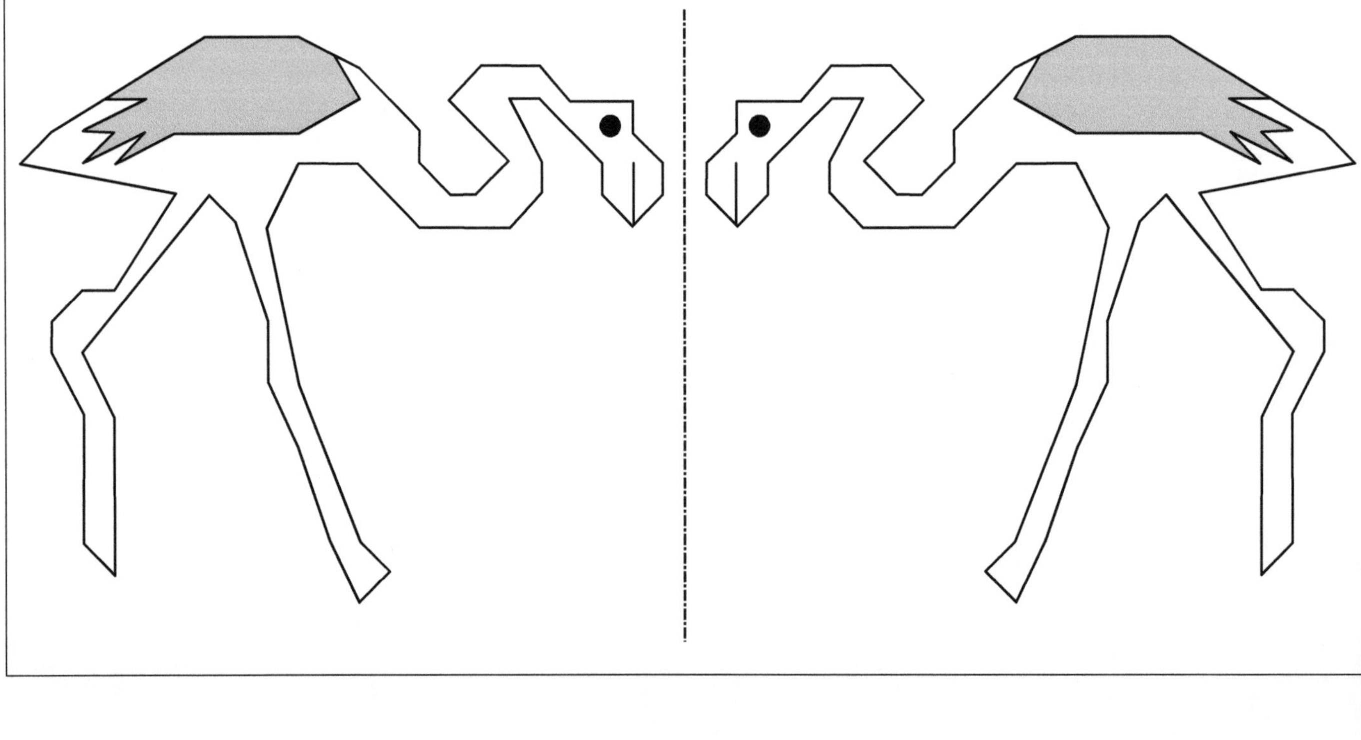

Station

Parallel, senkrecht oder keines von beiden?

Entscheide, ob die beiden Geraden senkrecht aufeinander stehen oder parallel verlaufen. Die Buchstaben bei den richtigen Lösungen ergeben ein Lösungswort.

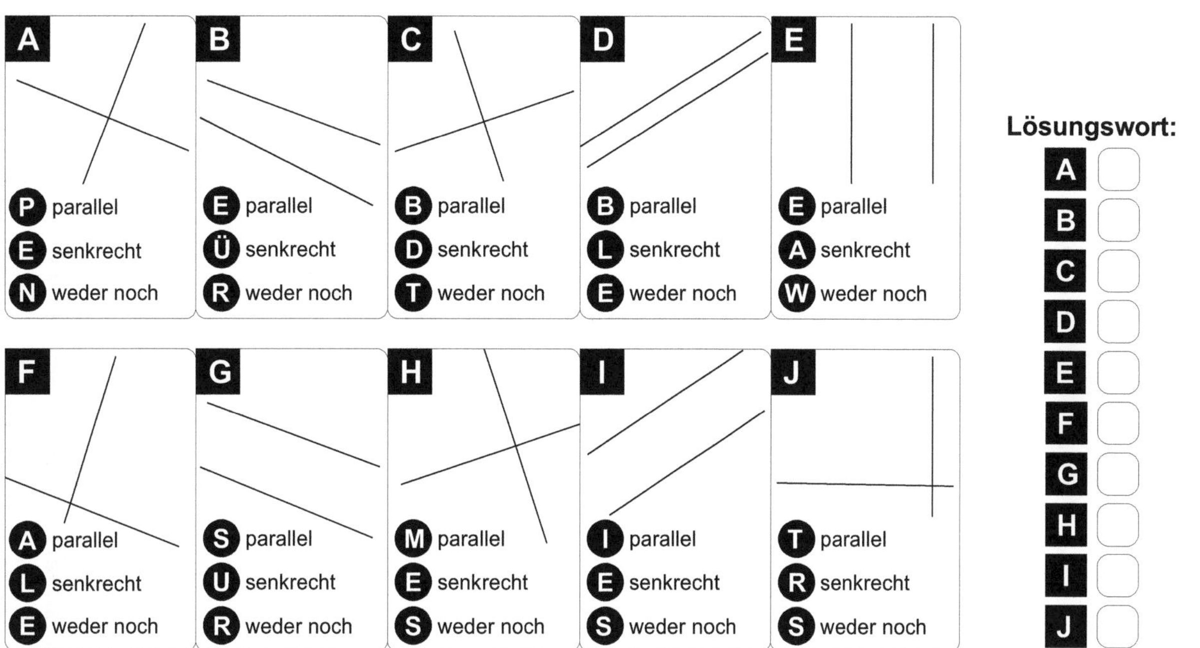

Lösungswort:

A ☐
B ☐
C ☐
D ☐
E ☐
F ☐
G ☐
H ☐
I ☐
J ☐

Station

Umfang von Vielecken

Wie groß sind die Umfänge der einzelnen Vielecke? Du brauchst nur die Längen der einzelnen Seiten der Vielecke zu messen und entsprechend zu addieren.

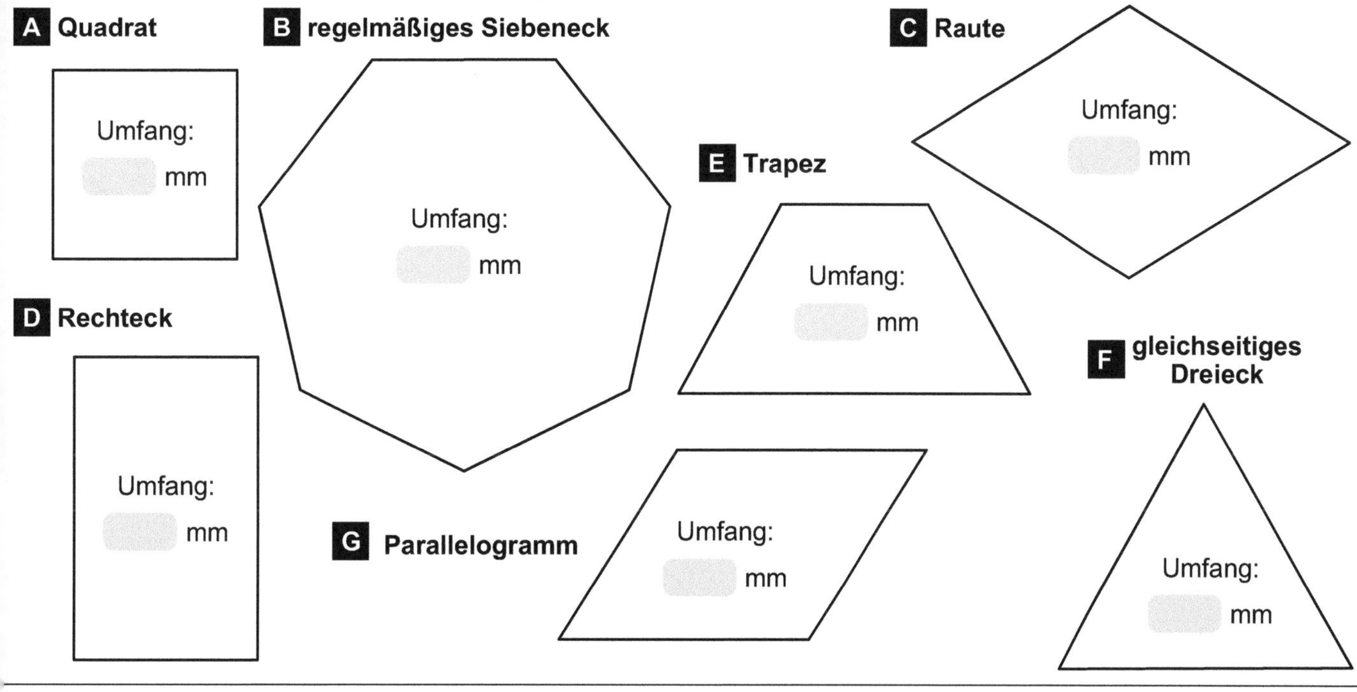

A Quadrat

Umfang: ___ mm

B regelmäßiges Siebeneck

Umfang: ___ mm

C Raute

Umfang: ___ mm

D Rechteck

Umfang: ___ mm

E Trapez

Umfang: ___ mm

F gleichseitiges Dreieck

Umfang: ___ mm

G Parallelogramm

Umfang: ___ mm

Station

Parallel, senkrecht oder keines von beiden?

Entscheide, ob die beiden Geraden senkrecht aufeinander stehen oder parallel verlaufen. Die Buchstaben bei den richtigen Lösungen ergeben ein Lösungswort.

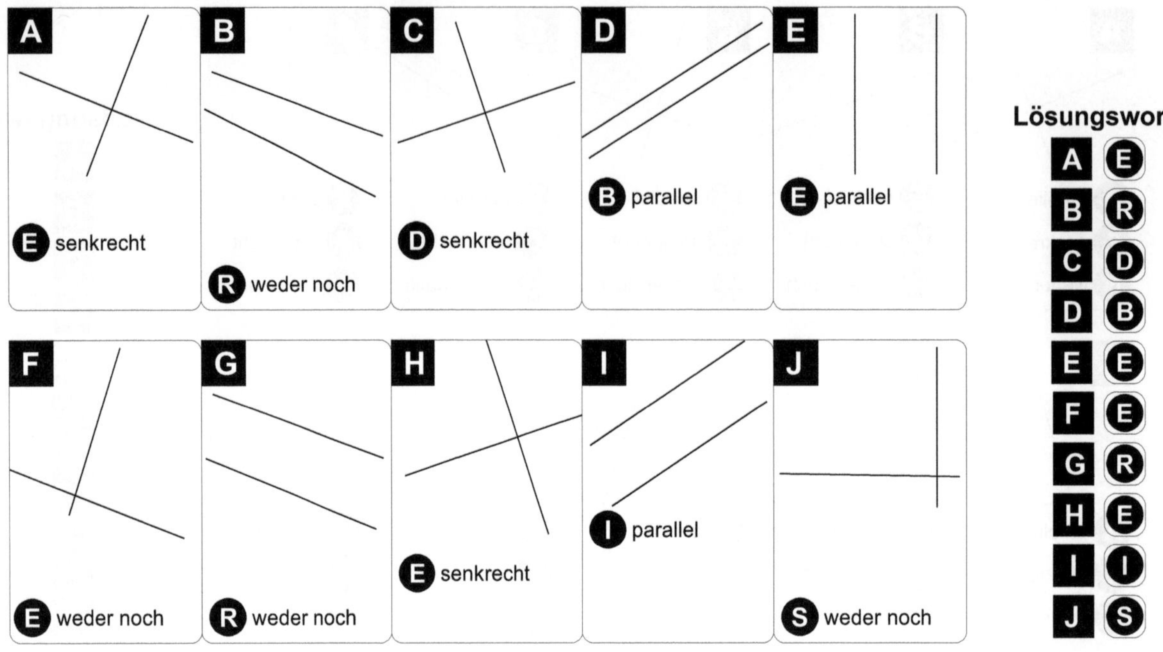

Lösungswort:

A	E
B	R
C	D
D	B
E	E
F	E
G	R
H	E
I	I
J	S

E

Station

!

Umfang von Vielecken

Wie groß sind die Umfänge der einzelnen Vielecke? Du brauchst nur die Längen der einzelnen Seiten der Vielecke zu messen und entsprechend zu addieren.

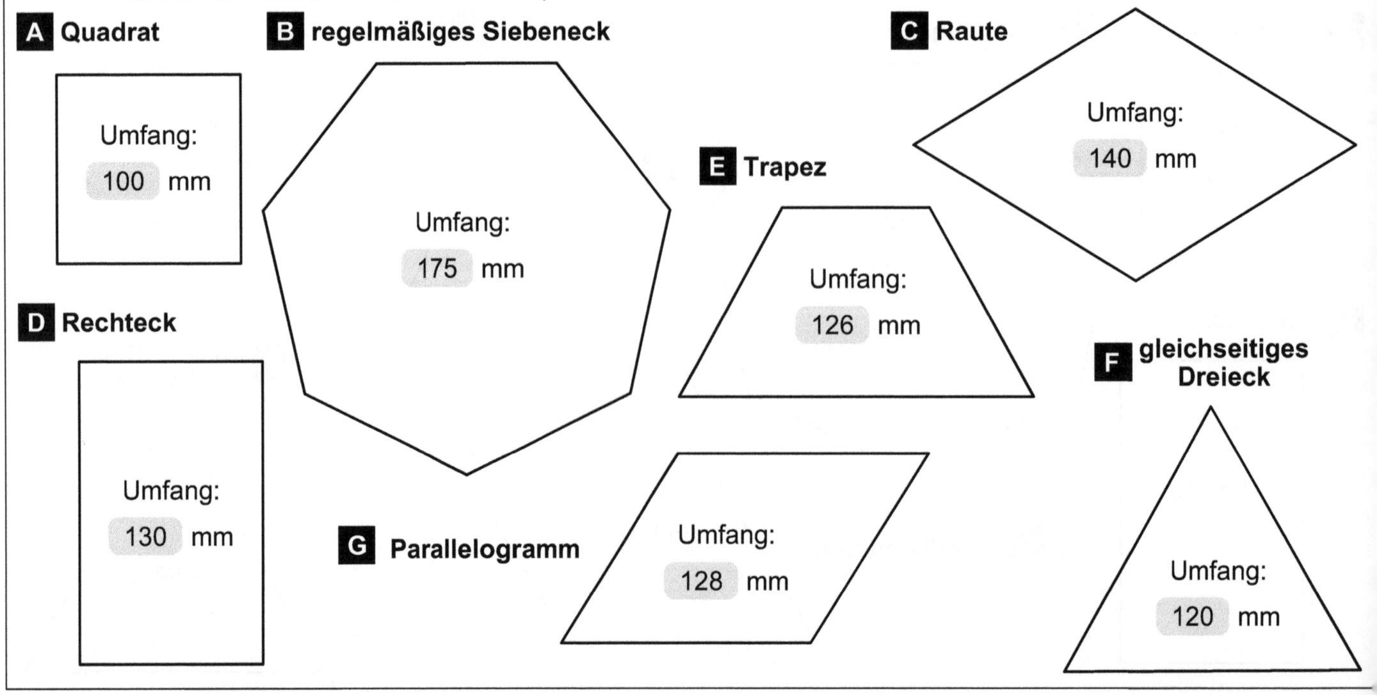

A Quadrat — Umfang: 100 mm

B regelmäßiges Siebeneck — Umfang: 175 mm

C Raute — Umfang: 140 mm

D Rechteck — Umfang: 130 mm

E Trapez — Umfang: 126 mm

F gleichseitiges Dreieck — Umfang: 120 mm

G Parallelogramm — Umfang: 128 mm

Station E

Flächeninhalt Quadrat und Rechteck

Bestimme den Flächeninhalt der einzelnen Quadrate und Rechtecke. Die Kennbuchstaben der richtigen Lösungen liefern dir das Lösungswort.

A (6 m, 2,5 m)
- $12\ m^2$ (P)
- $14\ m^2$ (R)
- $15\ m^2$ (A)

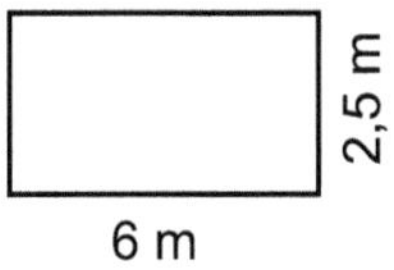

B (5 cm)
- $25\ cm^2$ (N)
- $20\ cm^2$ (E)
- $36\ cm^2$ (O)

C (8 cm, 34 mm)
- $2660\ mm^2$ (R)
- $2720\ mm^2$ (D)
- $2840\ mm^2$ (P)

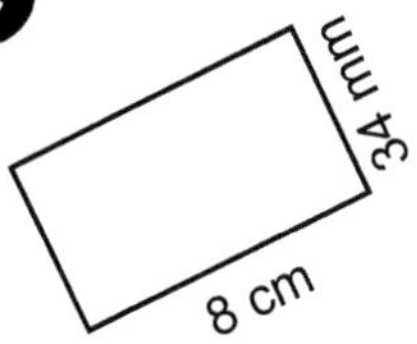

D (27 mm)
- $719\ mm^2$ (H)
- $729\ mm^2$ (E)
- $739\ mm^2$ (M)

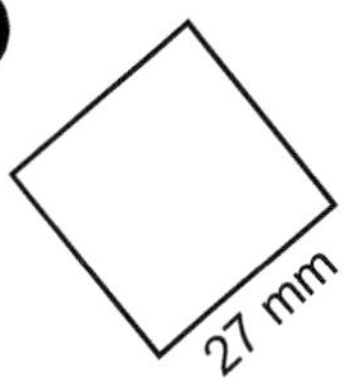

E (4,4 km, 1,5 km)
- $6600000\ m^2$ (N)
- $6800000\ m^2$ (E)
- $6,4\ km^2$ (G)

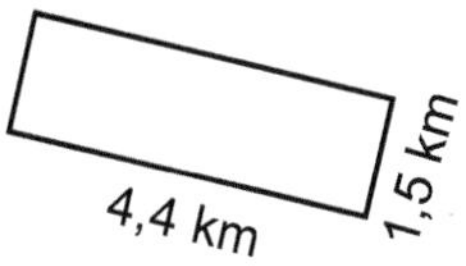

F (2,9 dm)
- $8,79\ dm^2$ (S)
- $841\ cm^2$ (K)
- $8,21\ m^2$ (A)

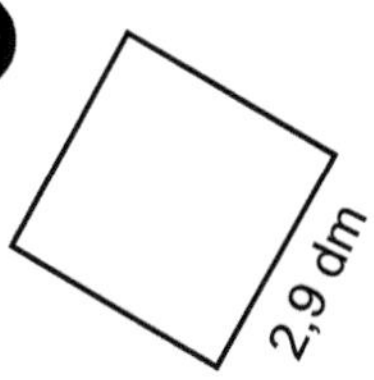

G (5 dm, 92 cm)
- $4600\ cm^2$ (E)
- $4,0\ dm^2$ (Z)
- $4,6\ m^2$ (F)

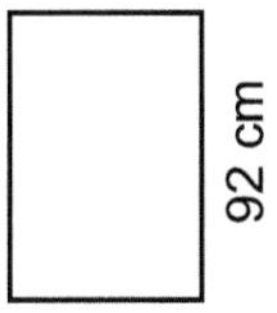

H (6,5 cm)
- $41,25\ cm^2$ (U)
- $27\ cm^2$ (E)
- $4225\ mm^2$ (N)

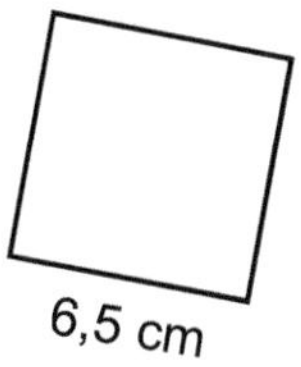

Lösungswort:

A	B	C	D	E	F	G	H

Station E

Wie heißen die Flächen?

Ordne den einzelnen Flächen die richtige Bezeichnung zu und verbinde die Aufgaben mit den zugehörigen Lösungen. Aus den Buchstaben, die auf den Verbindungslinien liegen, ergibt sich ein Lösungswort.

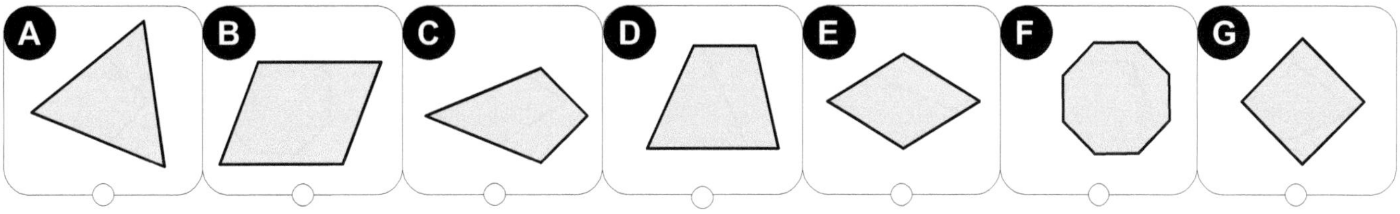

A B C D E F G

K L S K I M H P I M G N W A R K T B C B U K M

Parallelogramm | gleichseitiges Dreieck | Achteck | Drachen | Raute | Quadrat | Trapez

Lösungswort:

A	B	C	D	E	F	G

Station E

Flächeninhalt Quadrat und Rechteck

Bestimme den Flächeninhalt der einzelnen Quadrate und Rechtecke. Die Kennbuchstaben der richtigen Lösungen liefern dir das Lösungswort.

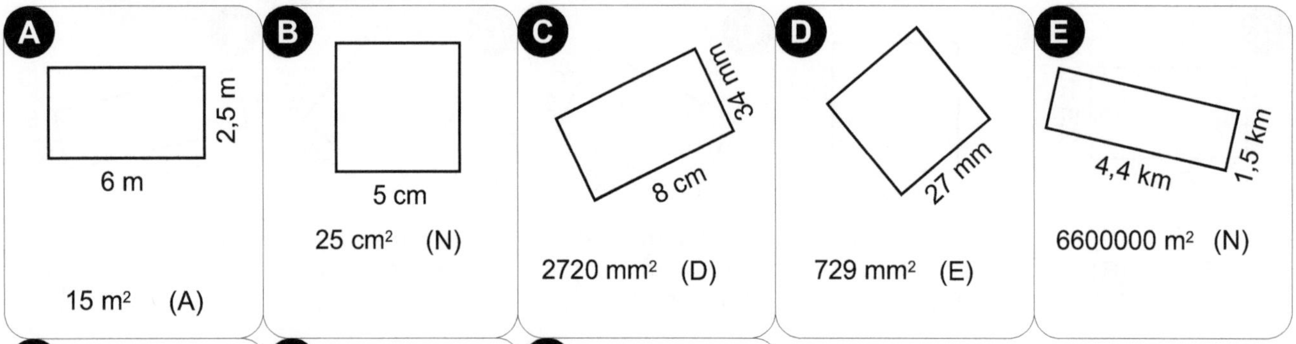

A 6 m; 2,5 m — 15 m² (A)

B 5 cm — 25 cm² (N)

C 8 cm; 34 mm — 2720 mm² (D)

D 27 mm — 729 mm² (E)

E 4,4 km; 1,5 km — 6600000 m² (N)

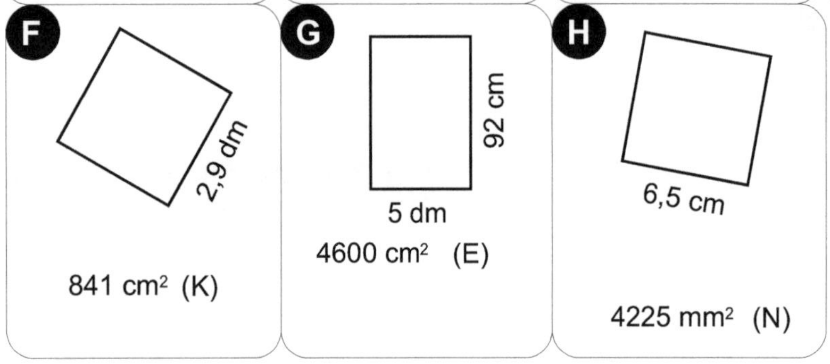

F 2,9 dm — 841 cm² (K)

G 5 dm; 92 cm — 4600 cm² (E)

H 6,5 cm — 4225 mm² (N)

Lösungswort:

A	B	C	D	E	F	G	H
A	N	D	E	N	K	E	N

Station E

Wie heißen die Flächen?

Ordne den einzelnen Flächen die richtige Bezeichnung zu und verbinde die Aufgaben mit den zugehörigen Lösungen. Aus den Buchstaben, die auf den Verbindungslinien liegen, ergibt sich ein Lösungswort.

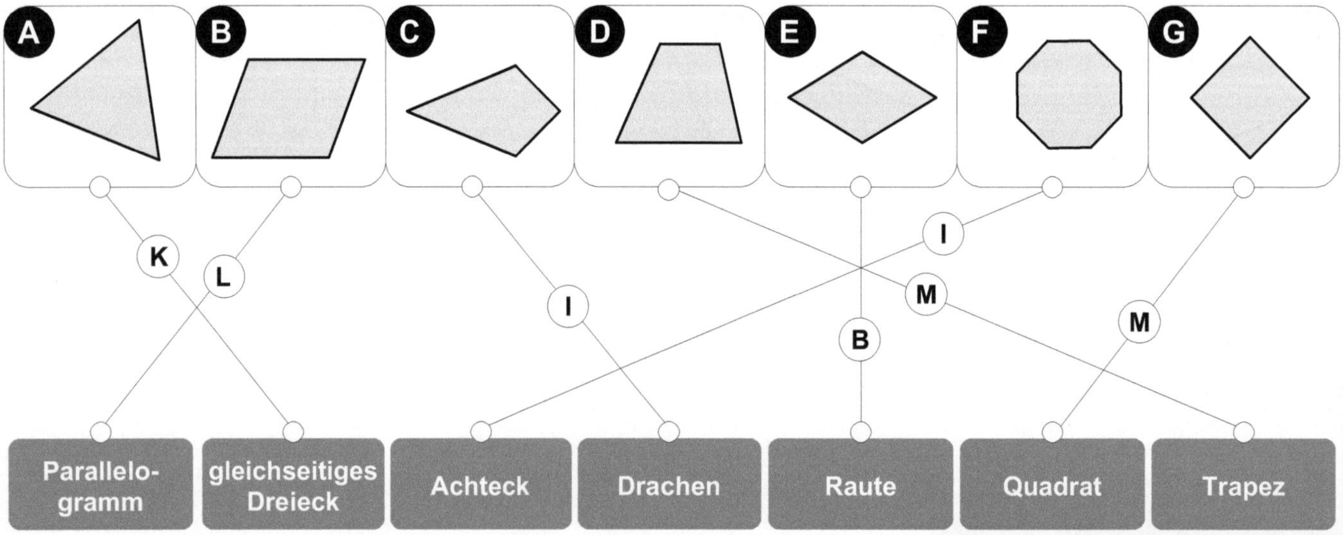

A B C D E F G

K L I M B I M

Parallelogramm | gleichseitiges Dreieck | Achteck | Drachen | Raute | Quadrat | Trapez

A	B	C	D	E	F	G
K	L	I	M	B	I	M

Lösungswort: K L I M B I M

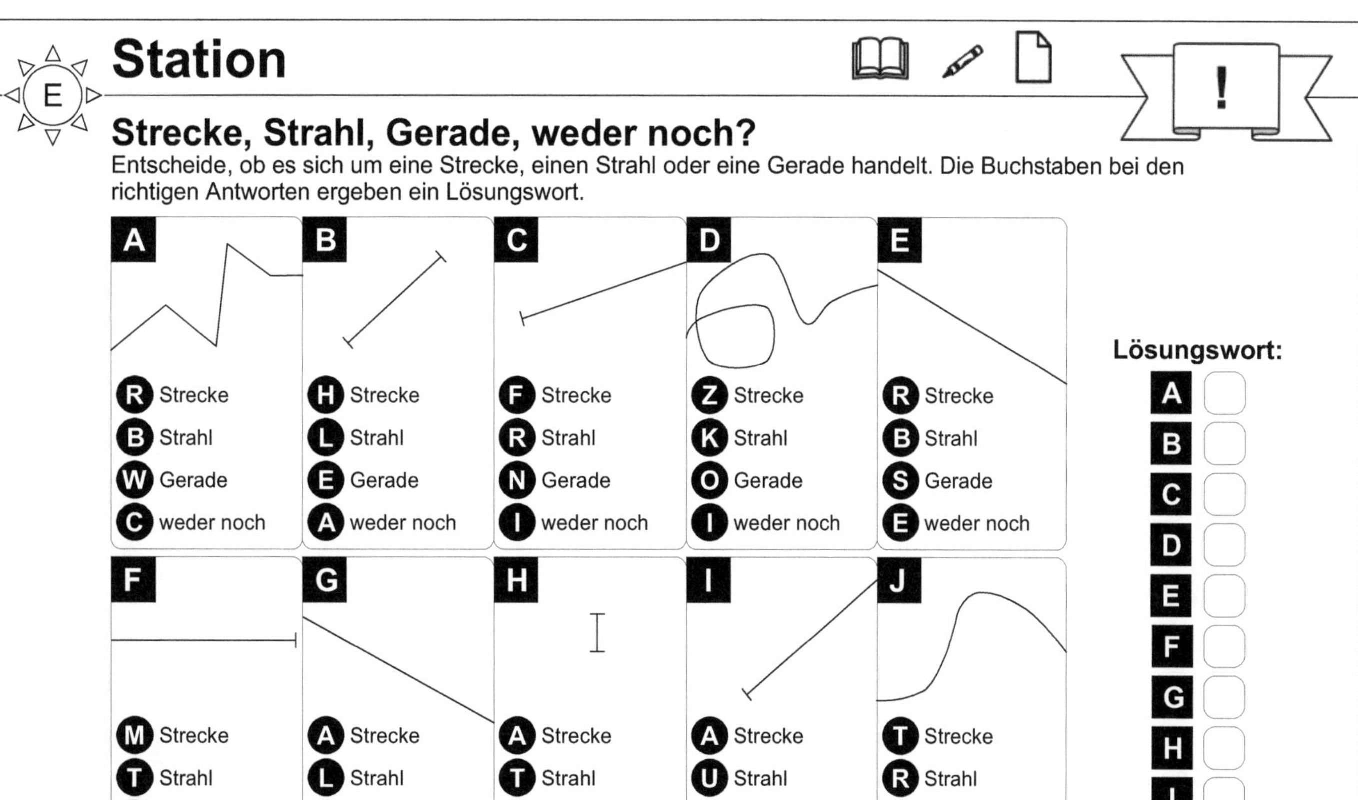

Station

Strecke, Strahl, Gerade, weder noch?

Entscheide, ob es sich um eine Strecke, einen Strahl oder eine Gerade handelt. Die Buchstaben bei den richtigen Antworten ergeben ein Lösungswort.

	A	B	C	D	E
Strecke	R	H	F	Z	R
Strahl	B	L	R	K	B
Gerade	W	E	N	O	S
weder noch	C	A	I	I	E

	F	G	H	I	J
Strecke	M	A	A	A	T
Strahl	T	L	T	U	R
Gerade	E	B	M	O	E
weder noch	N	E	R	T	M

Lösungswort:

A ☐ B ☐ C ☐ D ☐ E ☐ F ☐ G ☐ H ☐ I ☐ J ☐

Station

Winkelbestimmung bei regelmäßigen Vielecken

Bestimme jeweils die Größe des gekennzeichneten Winkels in einem regelmäßigen Vieleck. Gegebenenfalls misst du mit dem Geodreieck nach. Aus den Buchstaben der richtigen Antworten ergibt sich ein Lösungswort.

A 72° (P) 75° (R) 80° (M)

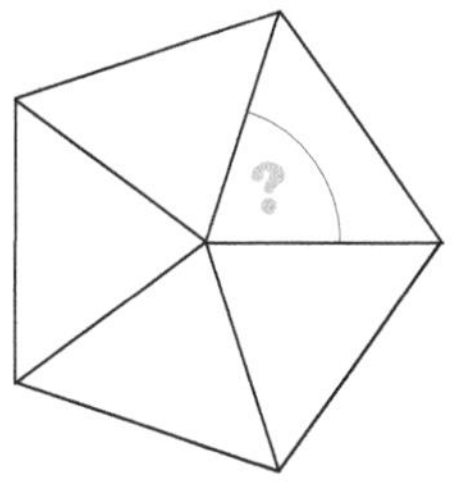

B 35° (E) 40° (F) 45° (O)

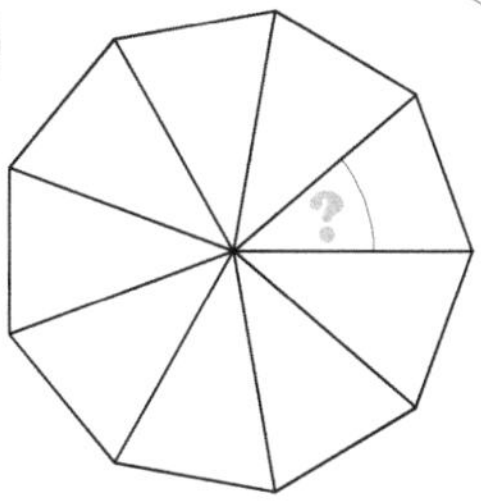

C 90° (M) 100° (I) 120° (E)

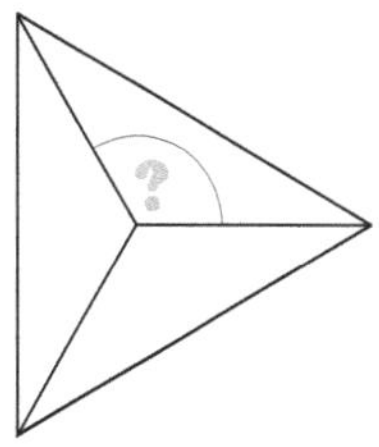

D 55° (B) 60° (F) 65° (K)

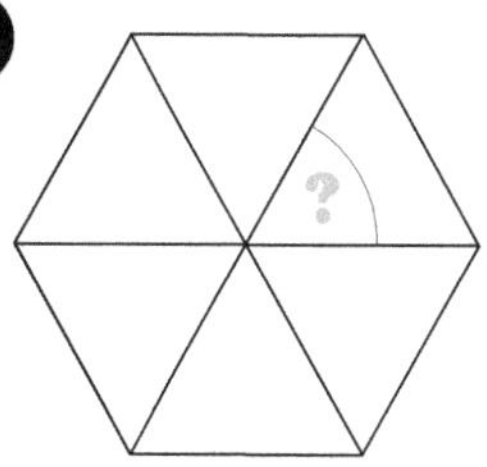

E 36° (F) 32° (A) 35° (H)

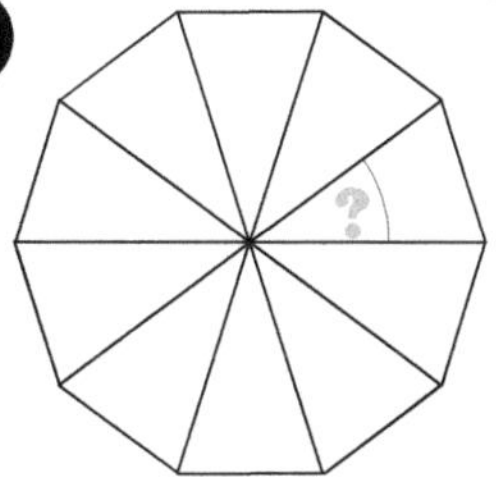

F 35° (S) 40° (C) 45° (E)

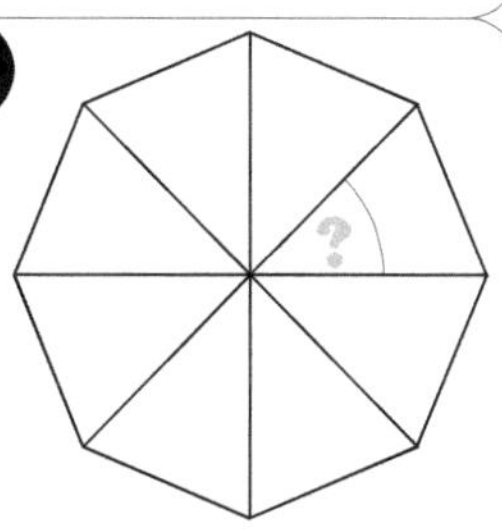

G 30° (R) 35° (H) 40° (A)

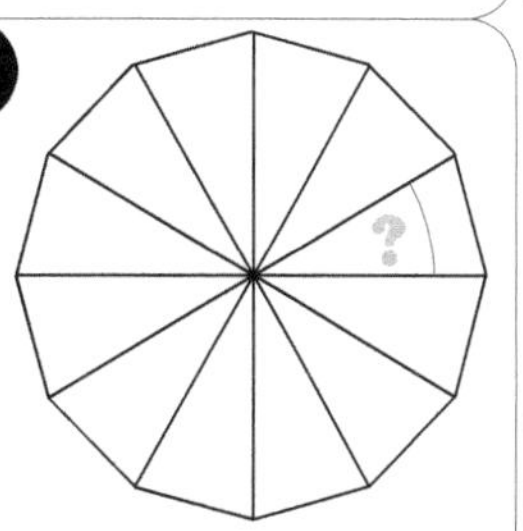

Lösungswort:

A	B	C	D	E	F	G

Station

Strecke, Strahl, Gerade, weder noch?

Entscheide, ob es sich um eine Strecke, einen Strahl oder eine Gerade handelt. Die Buchstaben bei den richtigen Antworten ergeben ein Lösungswort.

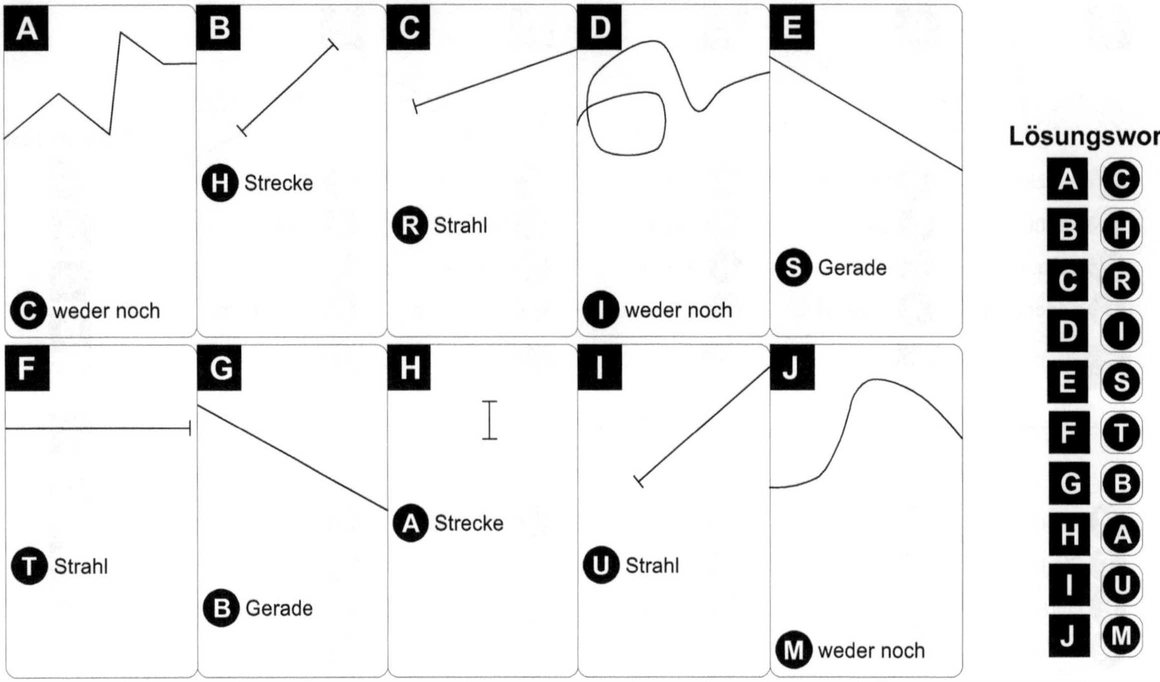

Lösungswort:

A	C
B	H
C	R
D	I
E	S
F	T
G	B
H	A
I	U
J	M

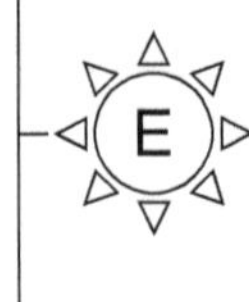

Station

Winkelbestimmung bei regelmäßigen Vielecken

Bestimme jeweils die Größe des gekennzeichneten Winkels in einem regelmäßigen Vieleck. Gegebenenfalls misst du mit dem Geodreieck nach. Aus den Buchstaben der richtigen Antworten ergibt sich ein Lösungswort.

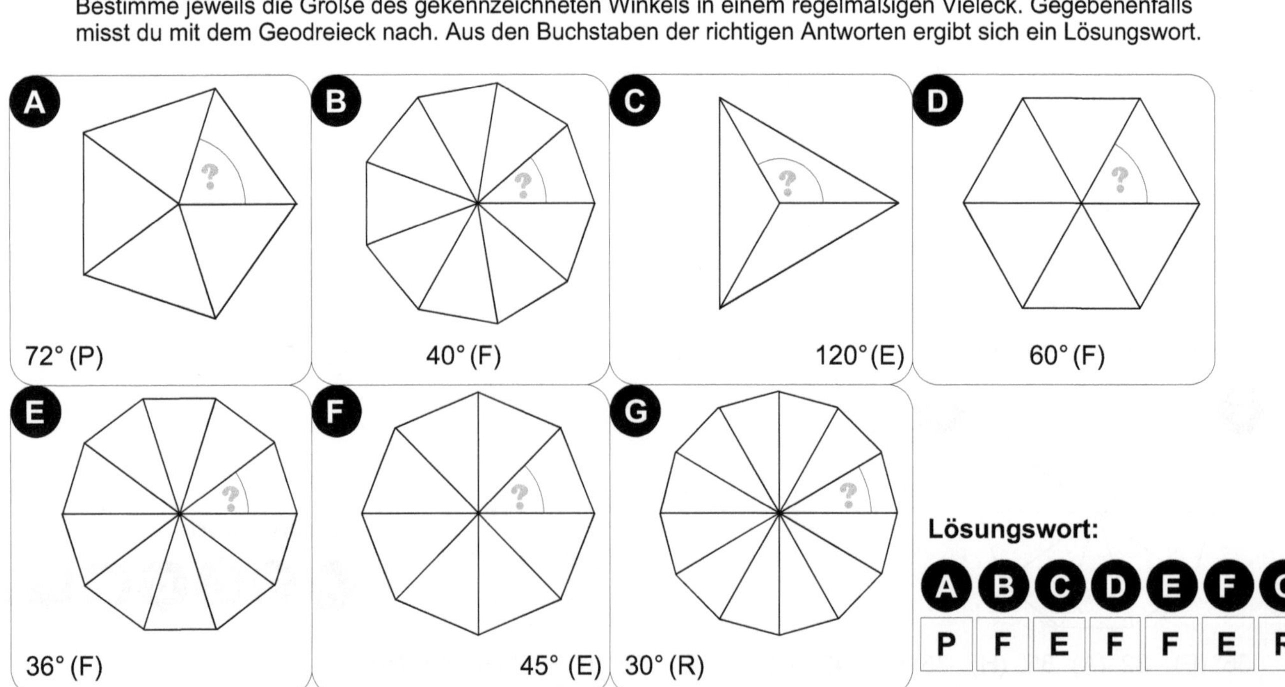

Lösungswort:

A	B	C	D	E	F	G
P	F	E	F	F	E	R

E

Station

Winkelarten

Um welche Winkelarten handelt es sich?

α_1

α_2

α_3

α_4

α_5

α_6

α_7

α_8

α_9

α_{10}

α_{11}

α_{12}

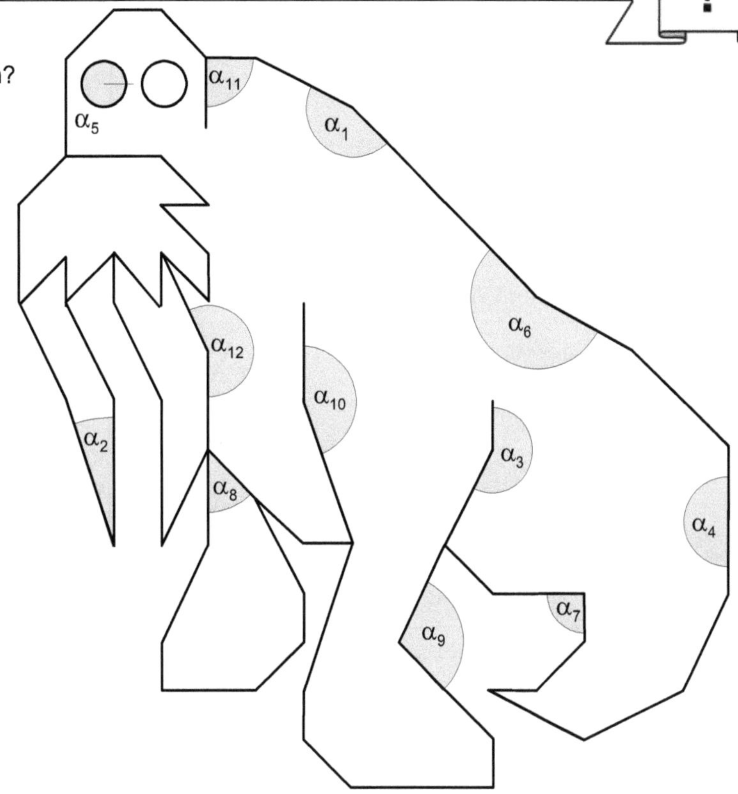

!

P

Station

Winkel messen mit dem Geodreieck

Messt mit dem Geodreieck die Größe der einzelnen Winkel. Schätzt zunächst. Wenn nötig, müsst ihr die Schenkel der Winkel verlängern.

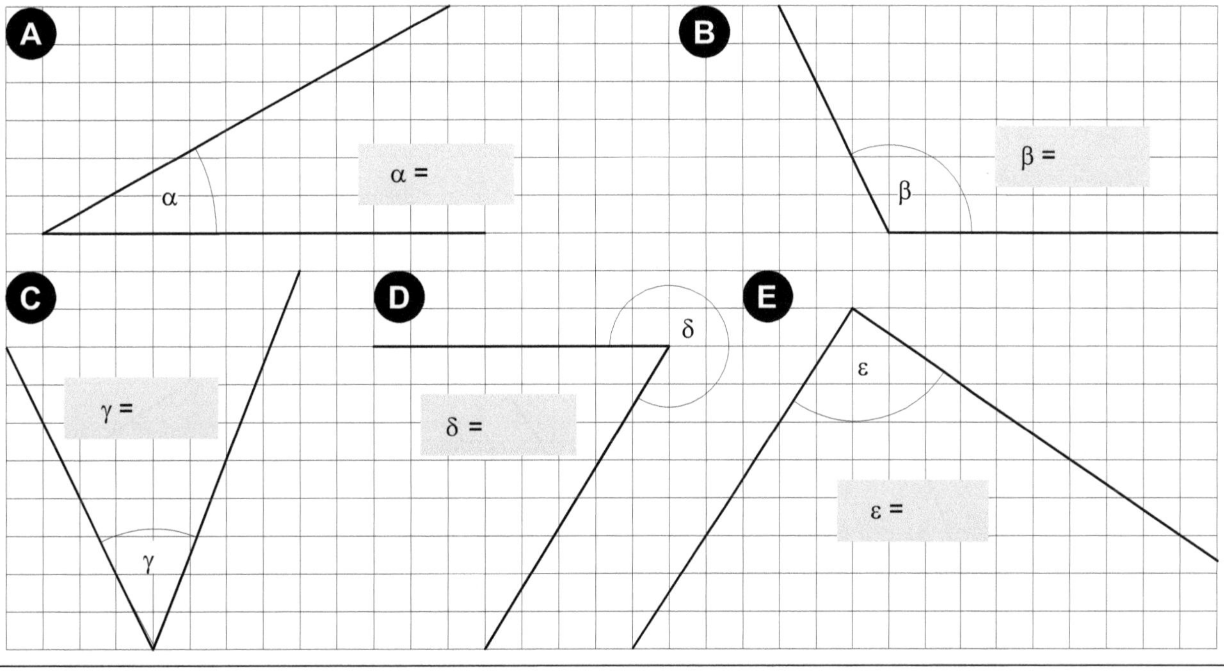

A α =

B β =

C γ =

D δ =

E ε =

Station E

Winkelarten

Um welche Winkelarten handelt es sich?

α_1	stumpfer Winkel
α_2	spitzer Winkel
α_3	überstumpfer Winkel
α_4	gestreckter Winkel
α_5	voller Winkel
α_6	überstumpfer Winkel
α_7	rechter Winkel
α_8	spitzer Winkel
α_9	stumpfer Winkel
α_{10}	stumpfer Winkel
α_{11}	rechter Winkel
α_{12}	überstumpfer Winkel

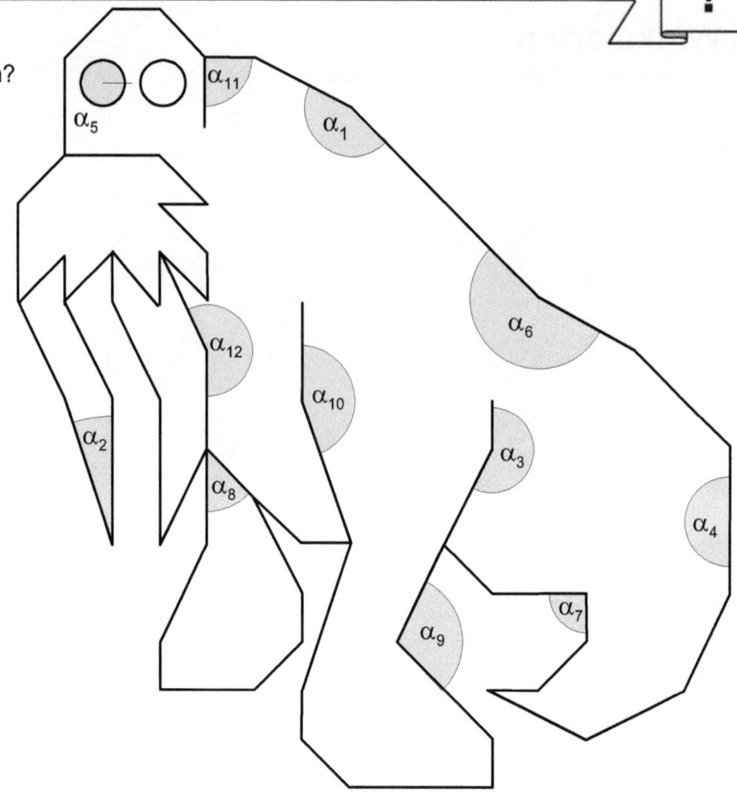

!

Station P

Winkel messen mit dem Geodreieck

Messt mit dem Geodreieck die Größe der einzelnen Winkel. Schätzt zunächst. Wenn nötig, müsst ihr die Schenkel der Winkel verlängern.

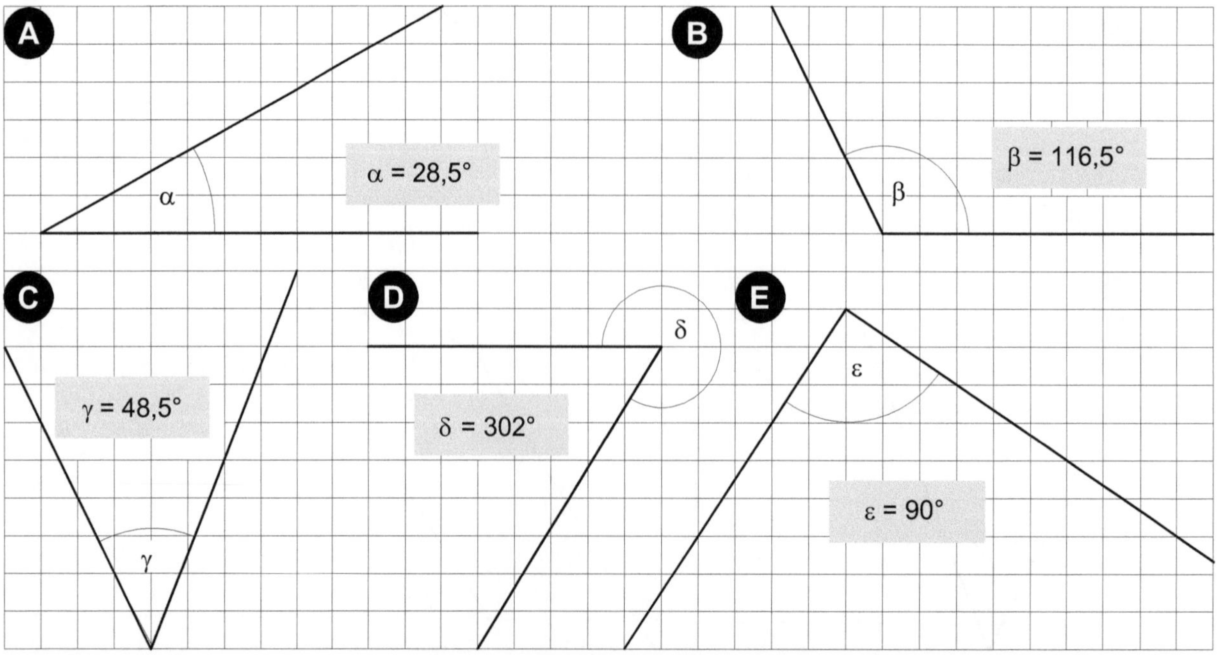

A $\alpha = 28{,}5°$

B $\beta = 116{,}5°$

C $\gamma = 48{,}5°$

D $\delta = 302°$

E $\varepsilon = 90°$

Station

Einteilung der Winkel

Ordnet den Winkeln ihre korrekten Bezeichnungen zu und verbindet die Aufgaben mit den zugehörigen Lösungen. Aus den Buchstaben, die auf den Verbindungslinien liegen, ergibt sich ein Lösungswort.

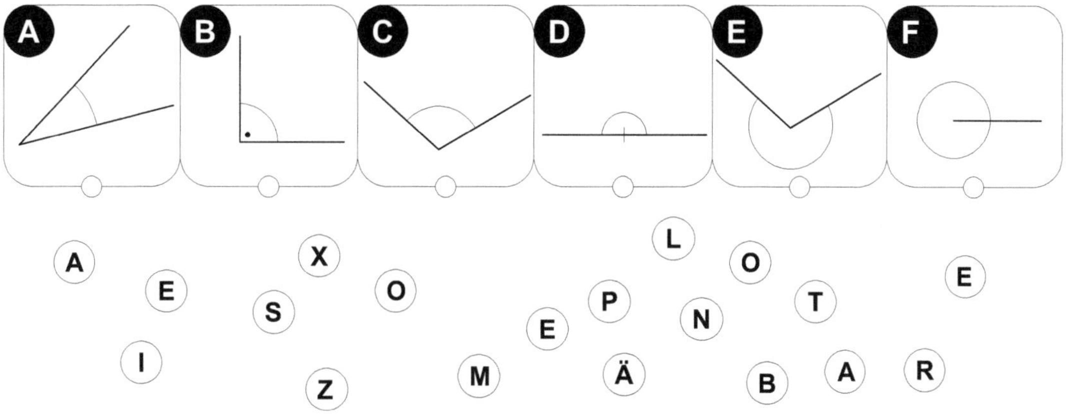

A B C D E F

A E I X S Z O M L P E Ä N O T B A E R

gestreckter Winkel (180°)	spitzer Winkel (kleiner als 90°)	rechter Winkel (90°)	voller Winkel (360°)	stumpfer Winkel (zwischen 90° und 180°)	überstumpfer Winkel (zwischen 180°und 360°)

Lösungswort:

A	
B	
C	
D	
E	
F	

Station

Winkel messen mit dem Geodreieck

Schätzt die Größe der angegebenen Winkel und messt dann mit dem Geodreieck nach. Wenn die Schenkel der Winkel zu kurz zum Messen sind, dann verlängert sie so, dass ihr messen könnt. Abweichungen von ± 2° sind erlaubt.

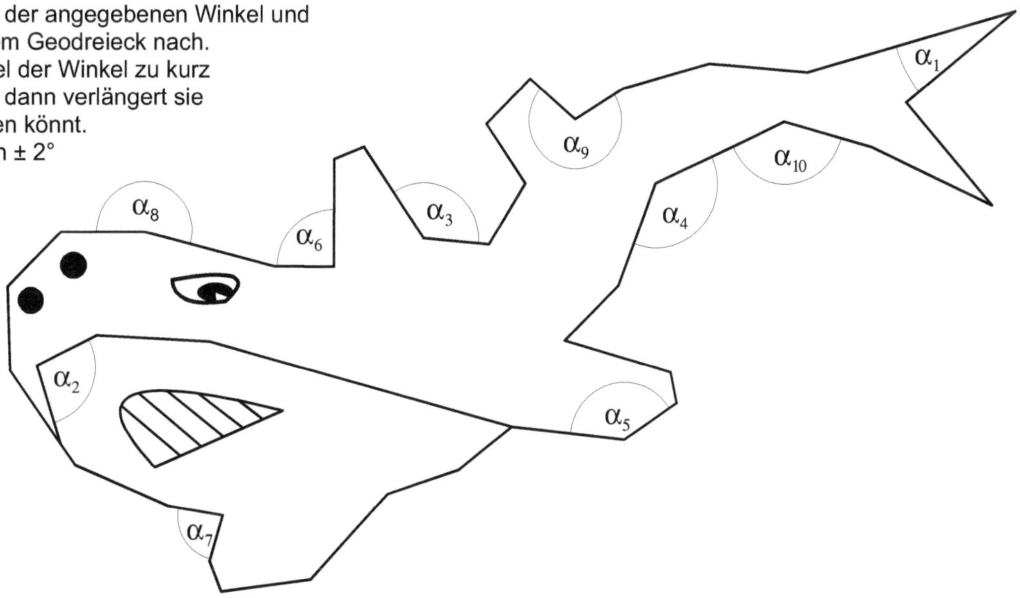

α_1 α_9 α_{10} α_8 α_6 α_3 α_4 α_2 α_5 α_7

Winkel	α_1	α_2	α_3	α_4	α_5	α_6	α_7	α_8	α_9	α_{10}
gemessen										

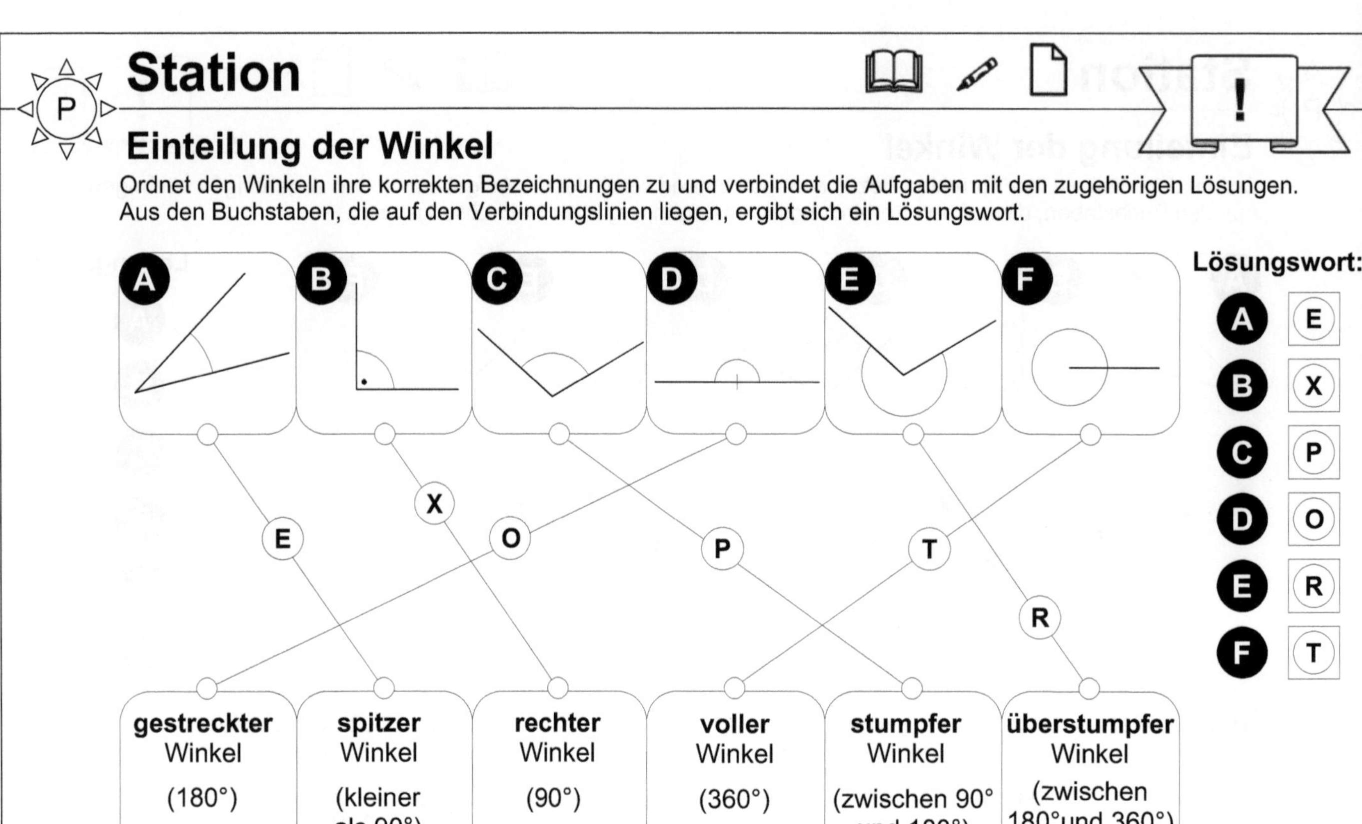

Station

Winkel messen mit dem Geodreieck

Schätzt die Größe der angegebenen Winkel und messt dann mit dem Geodreieck nach. Wenn die Schenkel der Winkel zu kurz zum Messen sind, dann verlängert sie so, dass ihr messen könnt. Abweichungen von ± 2° sind erlaubt.

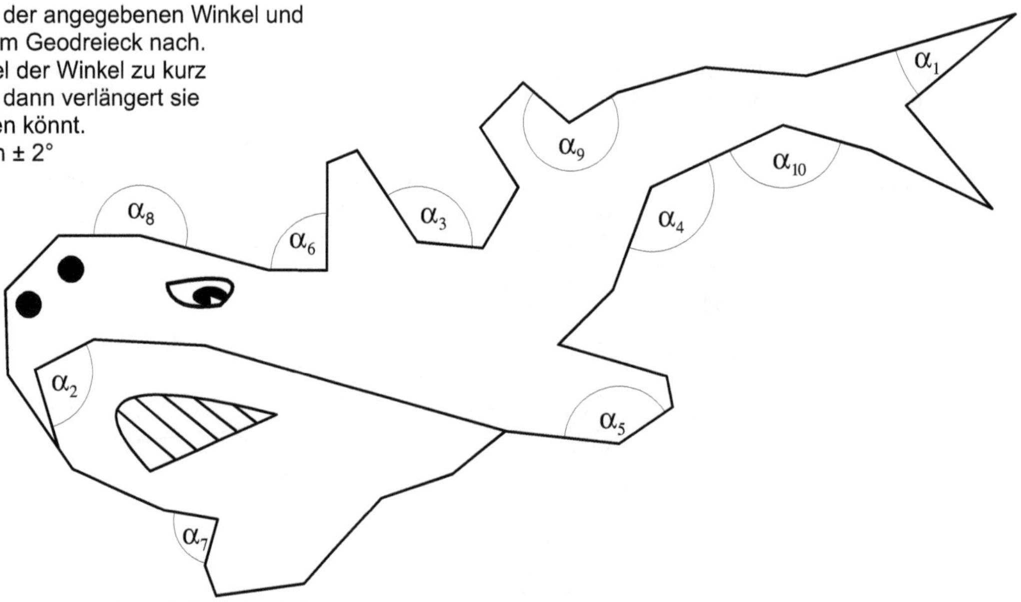

Winkel	α_1	α_2	α_3	α_4	α_5	α_6	α_7	α_8	α_9	α_{10}
gemessen	22°	100°	129°	136°	142°	90°	81°	194°	253°	140°

Station

Punkte verbinden

Du schaffst es sicherlich, den Tukan rechts nachzuzeichnen. Die entsprechenden Punkte habe ich dir vorgegeben. Du kannst dein Bild farbig ausmalen.

Station

Messen von Strecken

Messt einmal die angegebenen Strecken auf den Millimeter genau aus. Dein Partner trägt deine Maße in die Tabelle ein.

Strecke	Länge in mm
$\overline{AB}$	
$\overline{CD}$	
$\overline{EF}$	
$\overline{GH}$	
$\overline{IJ}$	
$\overline{MU}$	
$\overline{MN}$	
$\overline{OP}$	
$\overline{QR}$	
$\overline{ST}$	
$\overline{KT}$	
$\overline{KL}$	
$\overline{EV}$	
$\overline{VW}$	
$\overline{RX}$	

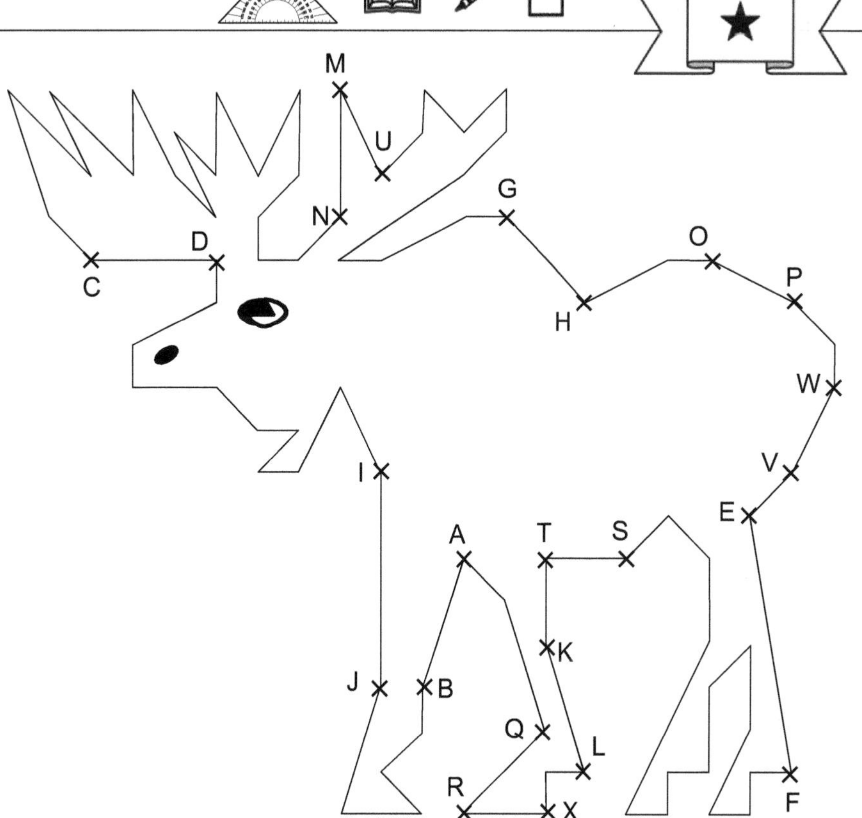

Station

Punkte verbinden

Du schaffst es sicherlich, den Tukan rechts nachzuzeichnen. Die entsprechenden Punkte habe ich dir vorgegeben. Du kannst dein Bild farbig ausmalen.

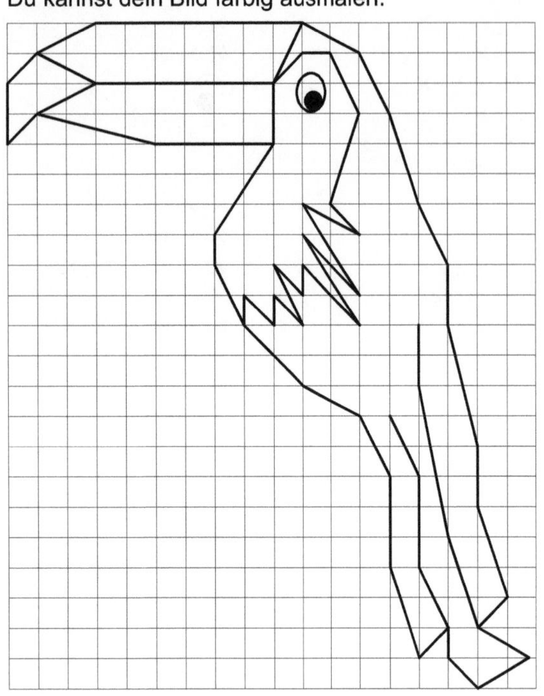

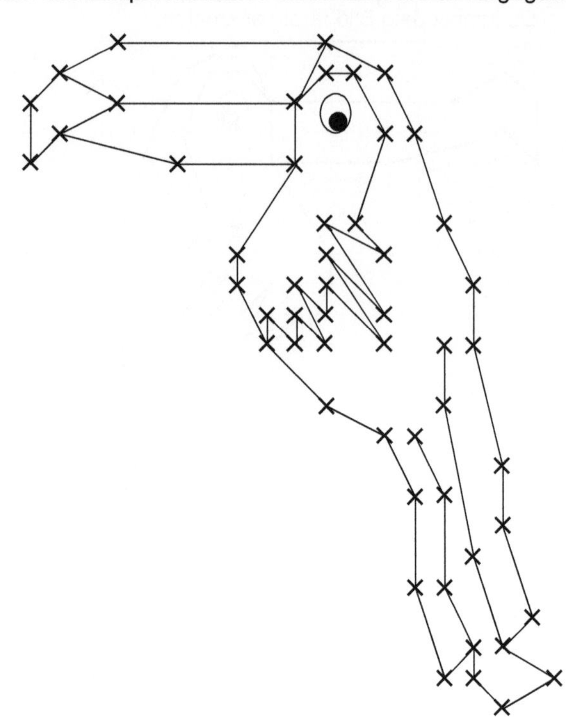

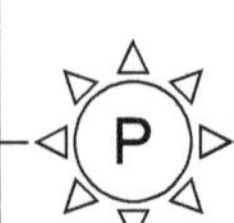

Station

Messen von Strecken

Messt einmal die angegebenen Strecken auf den Millimeter genau aus. Dein Partner trägt deine Maße in die Tabelle ein.

Strecke	Länge in mm
$\overline{AB}$	18
$\overline{CD}$	17
$\overline{EF}$	34
$\overline{GH}$	15,5
$\overline{IJ}$	29
$\overline{MU}$	12
$\overline{MN}$	17
$\overline{OP}$	12
$\overline{QR}$	15
$\overline{ST}$	11
$\overline{KT}$	11,5
$\overline{KL}$	17,5
$\overline{EV}$	8
$\overline{VW}$	12,5
$\overline{RX}$	11

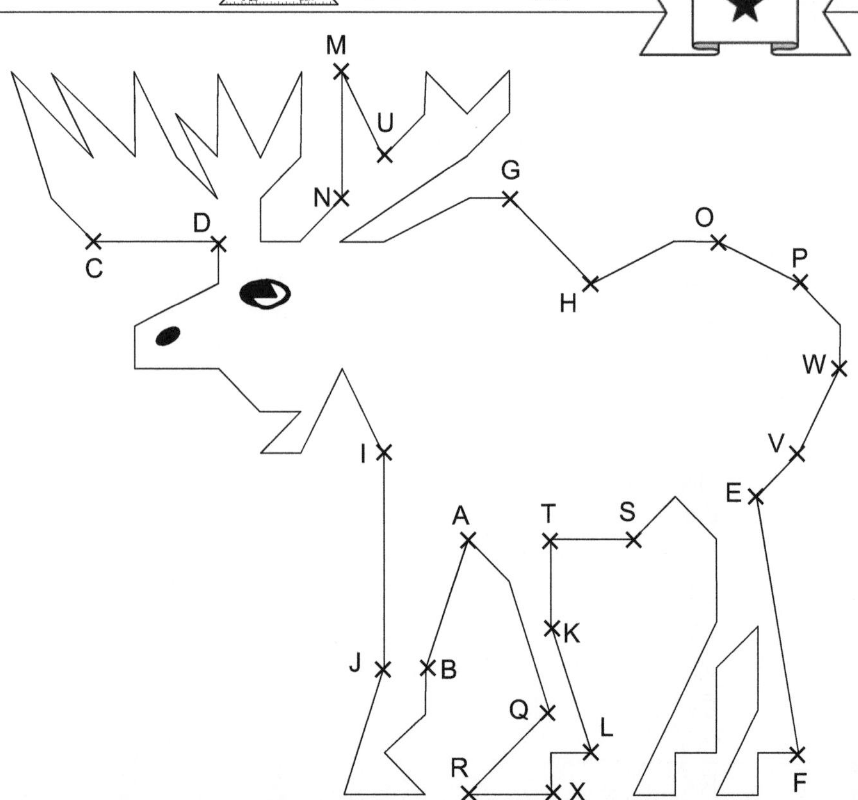

E

Station

Verschiebungen

!

Verschiebe die Figuren jeweils in Pfeilrichtung.

A

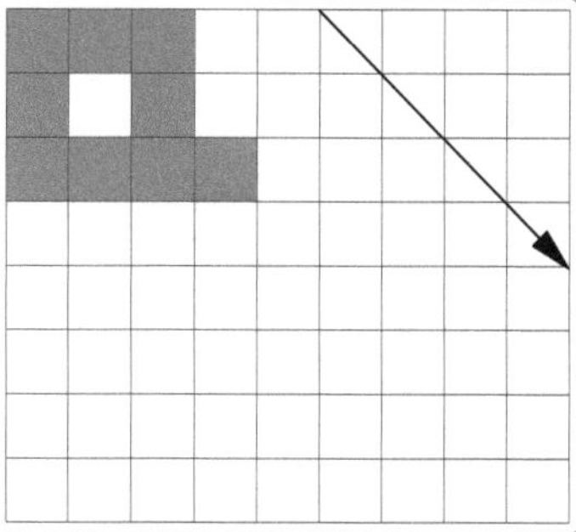

B

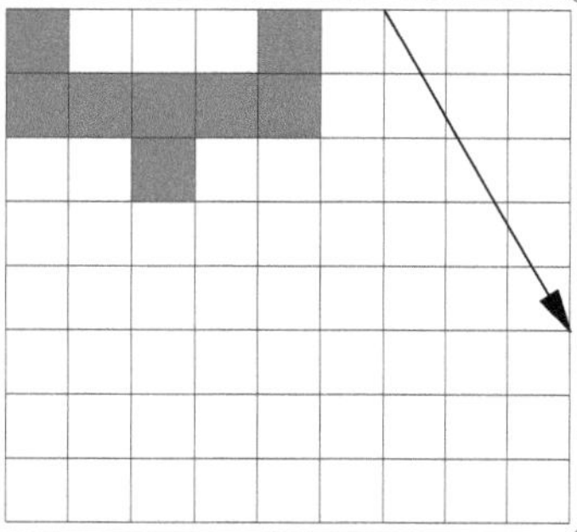

C

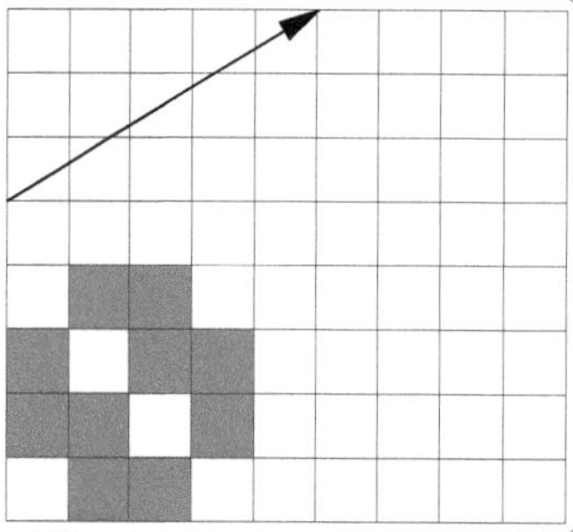

D

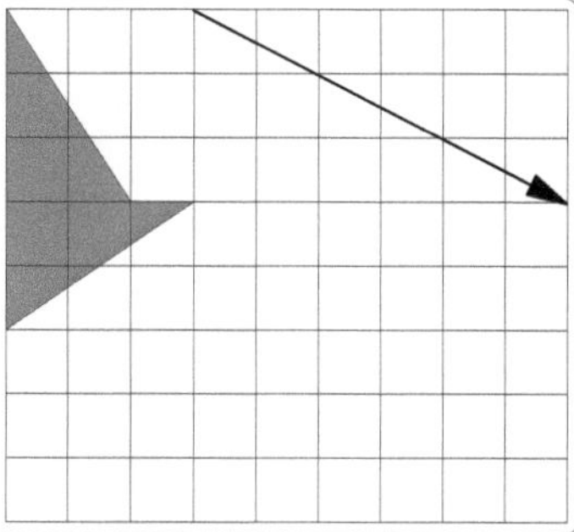

E

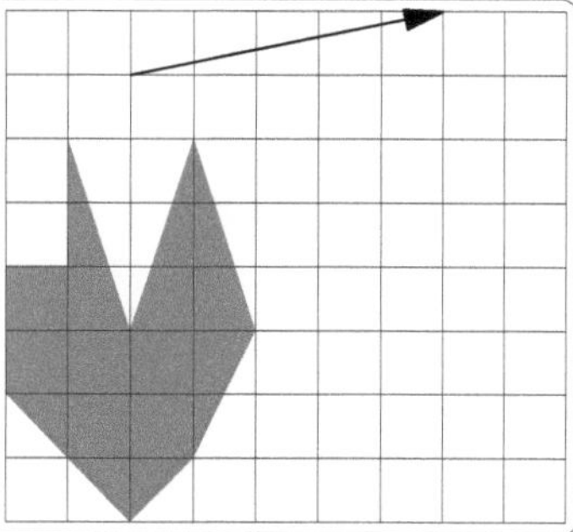

F

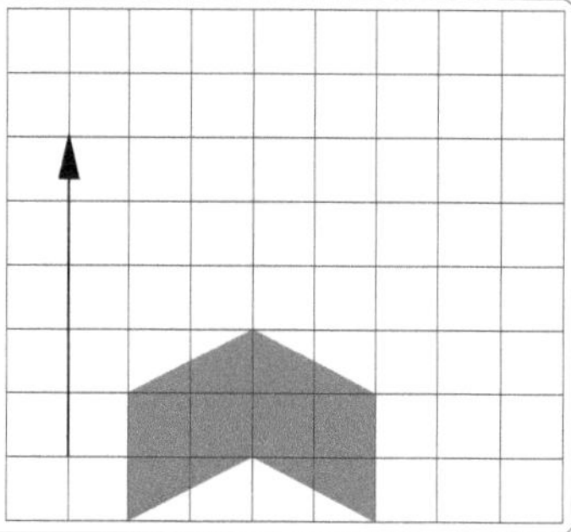

P

Station

Verschiebungen im Koordinatensystem

★

A Zeichnet ein Achteck mit den Eckpunkten A(0|2), B(1|1), C(2|1), D(3|2), E(3|3), F(2|4), G(1|4), H(0|3) und verschiebt es dreimal in Pfeilrichtung.

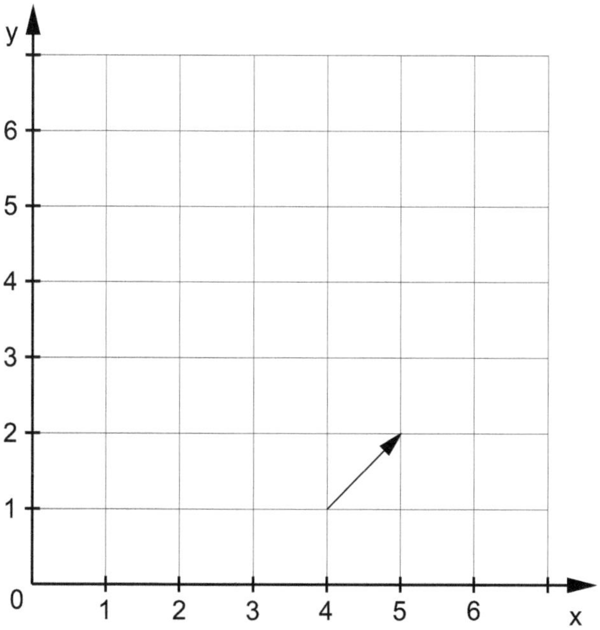

B Zeichnet ein Fünfeck mit den Eckpunkten A(4|1), B(6|1), C(6|3), D(5|3), E(4|2) und verschiebt es zweimal in Pfeilrichtung.

y 6 5 4 3 2 1 0 1 2 3 4 5 6 x

y 6 5 4 3 2 1 0 1 2 3 4 5 6 x

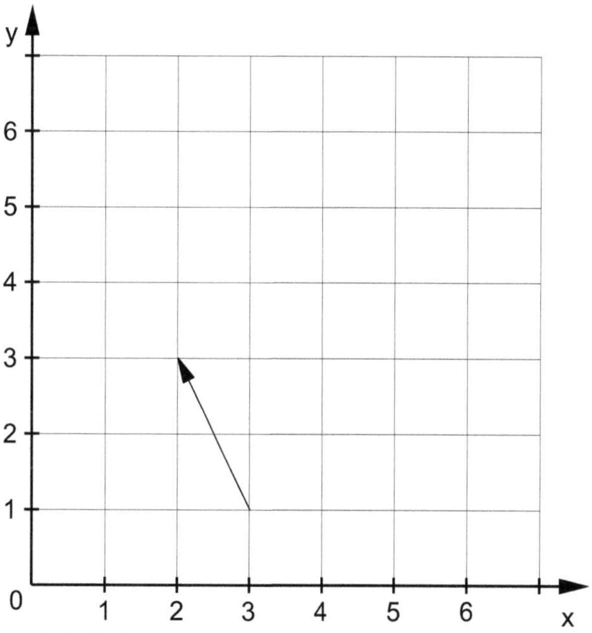

Station E

Verschiebungen

Verschiebe die Figuren jeweils in Pfeilrichtung.

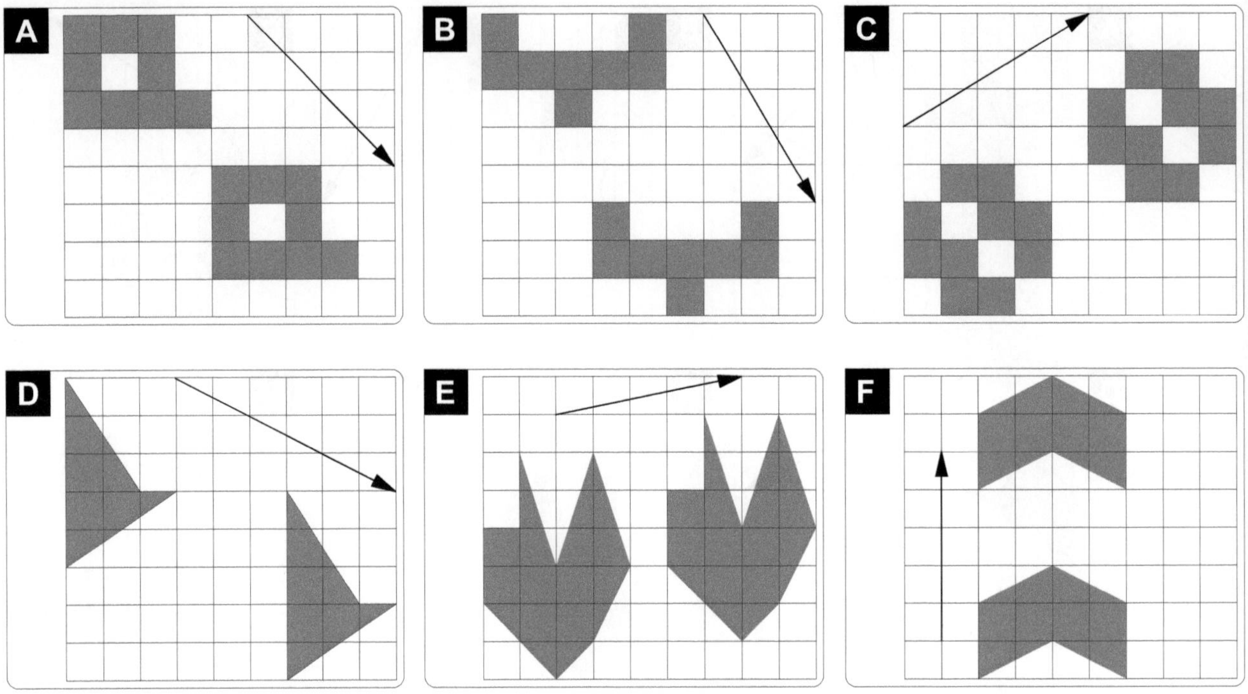

A

B

C

D

E

F

Station P

Verschiebungen im Koordinatensystem

A Zeichnet ein Achteck mit den Eckpunkten A(0|2), B(1|1), C(2|1), D(3|2), E(3|3), F(2|4), G(1|4), H(0|3) und verschiebt es dreimal in Pfeilrichtung.

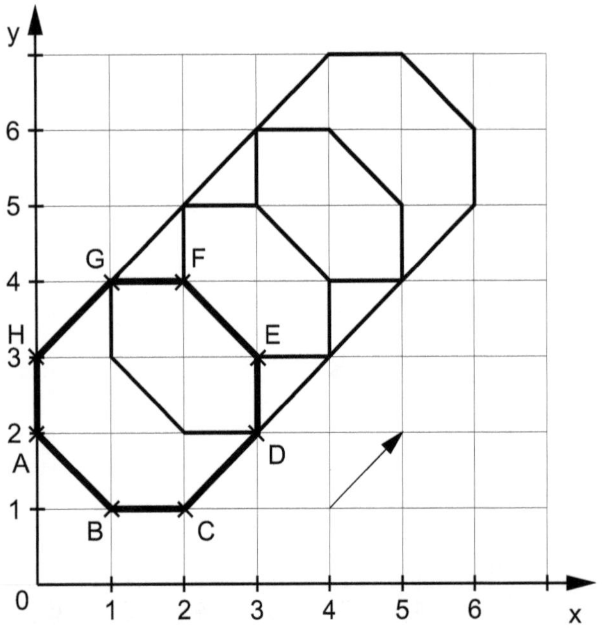

B Zeichnet ein Fünfeck mit den Eckpunkten A(4|1), B(6|1), C(6|3), D(5|3), E(4|2) und verschiebt es zweimal in Pfeilrichtung.

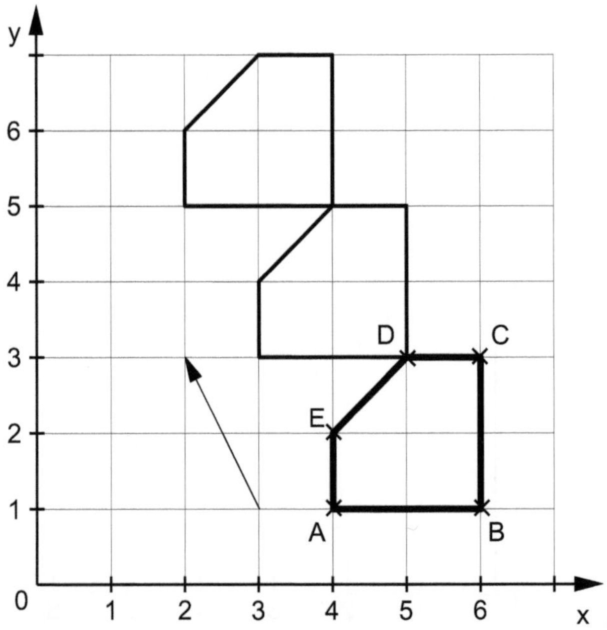

Station

Parallel und senkrecht

A Zeichne mit dem Geodreieck vier Geraden, die parallel zu g sind.

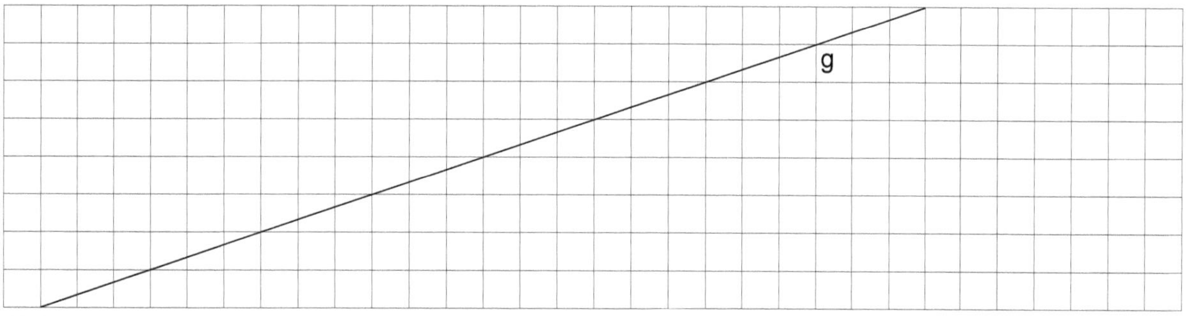

g

B Zeichne mit dem Geodreieck vier Geraden, die zu g senkrecht sind.

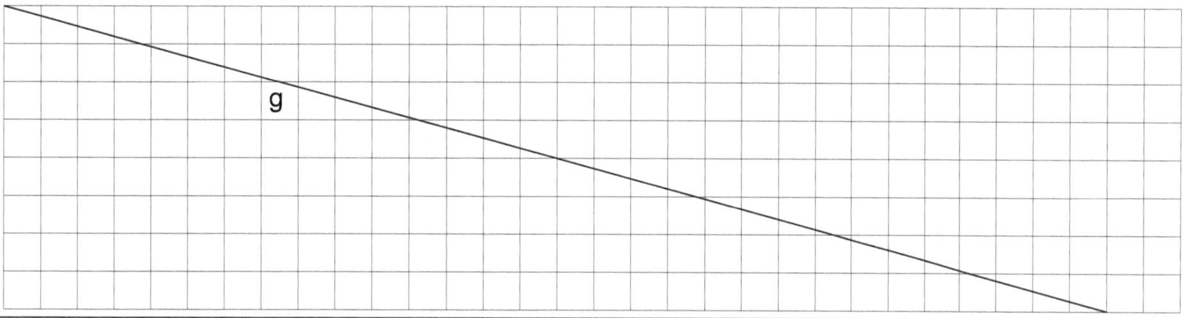

g

Station

Achsensymmetrische Figuren

Streiche alle Verkehrszeichen durch, die nicht achsensymmetrisch sind.

Einbahnstraße

Station E

Parallel und senkrecht

A Zeichne mit dem Geodreieck vier Geraden, die parallel zu g sind.

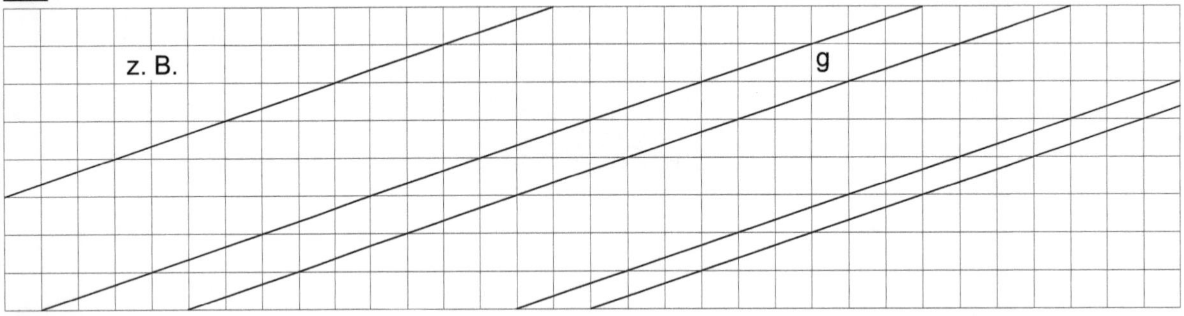

z. B.

g

B Zeichne mit dem Geodreieck vier Geraden, die zu g senkrecht sind.

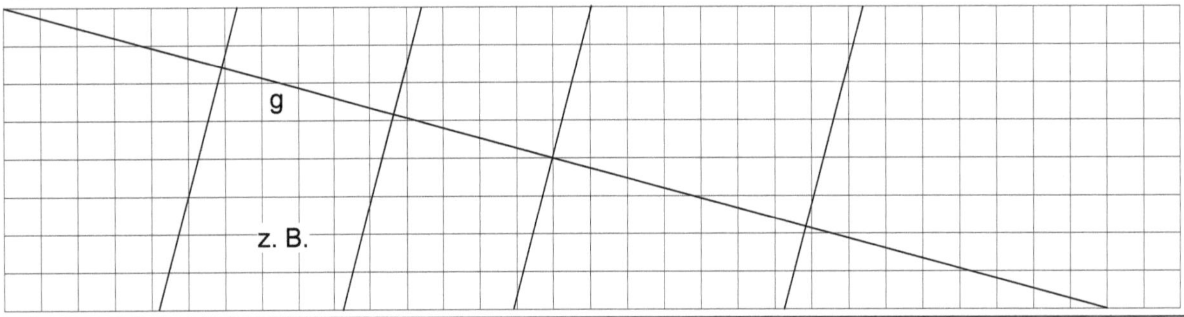

g

z. B.

Station E

Achsensymmetrische Figuren

Streiche alle Verkehrszeichen durch, die nicht achsensymmetrisch sind.

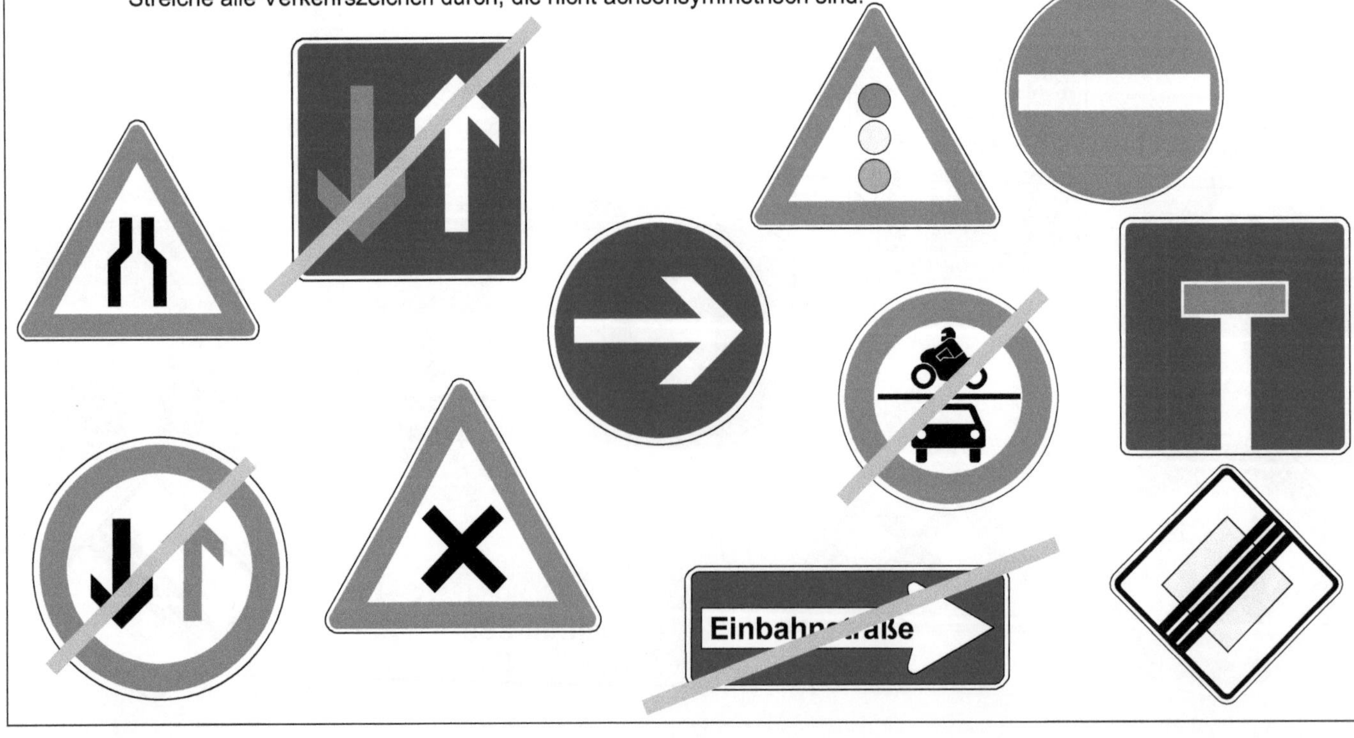

Einbahnstraße

Station E

Symmetrieachsen

Zeichne in die Figuren jeweils alle Symmetrieachsen ein.

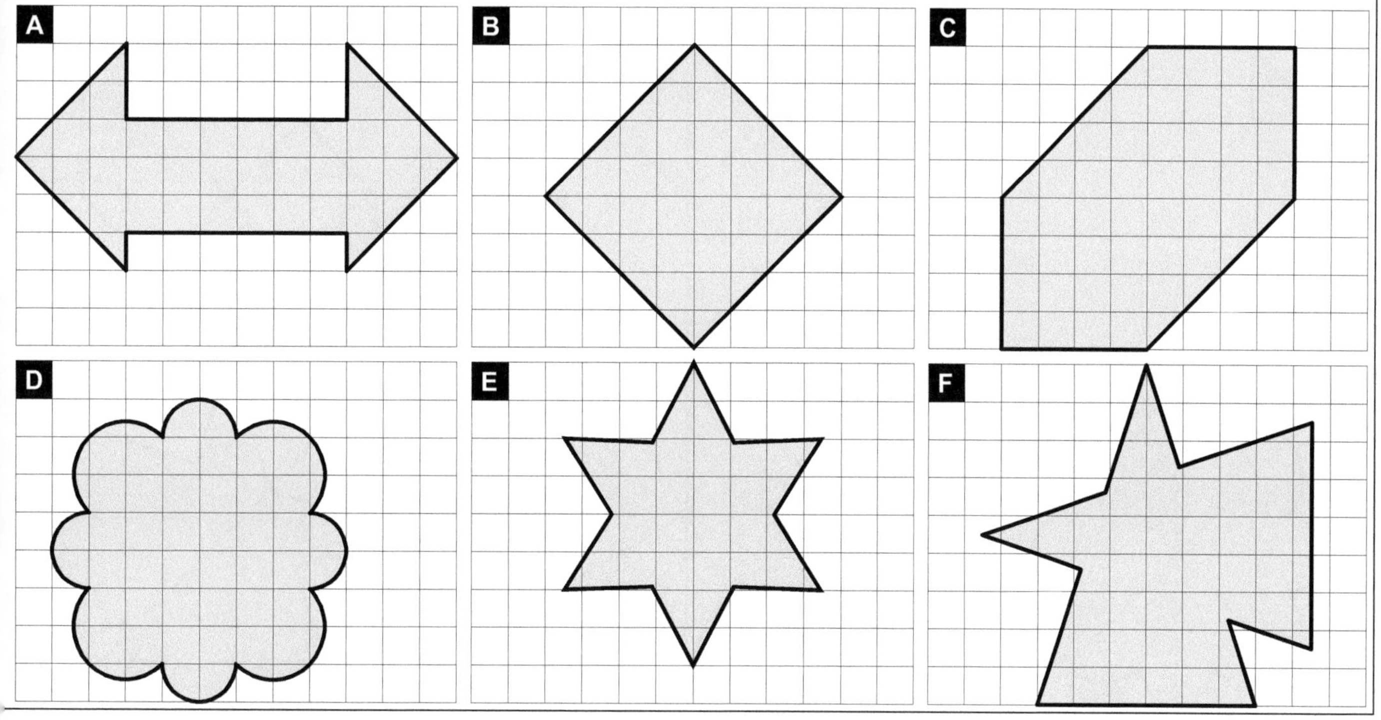

A

B

C

D

E

F

Station P

Erzeugung drehsymmetrischer Figuren

Dreht die Figuren um den Punkt Z jeweils um 90°, 180°, 270° weiter. Ihr könnt eure Bilder farbig anlegen.

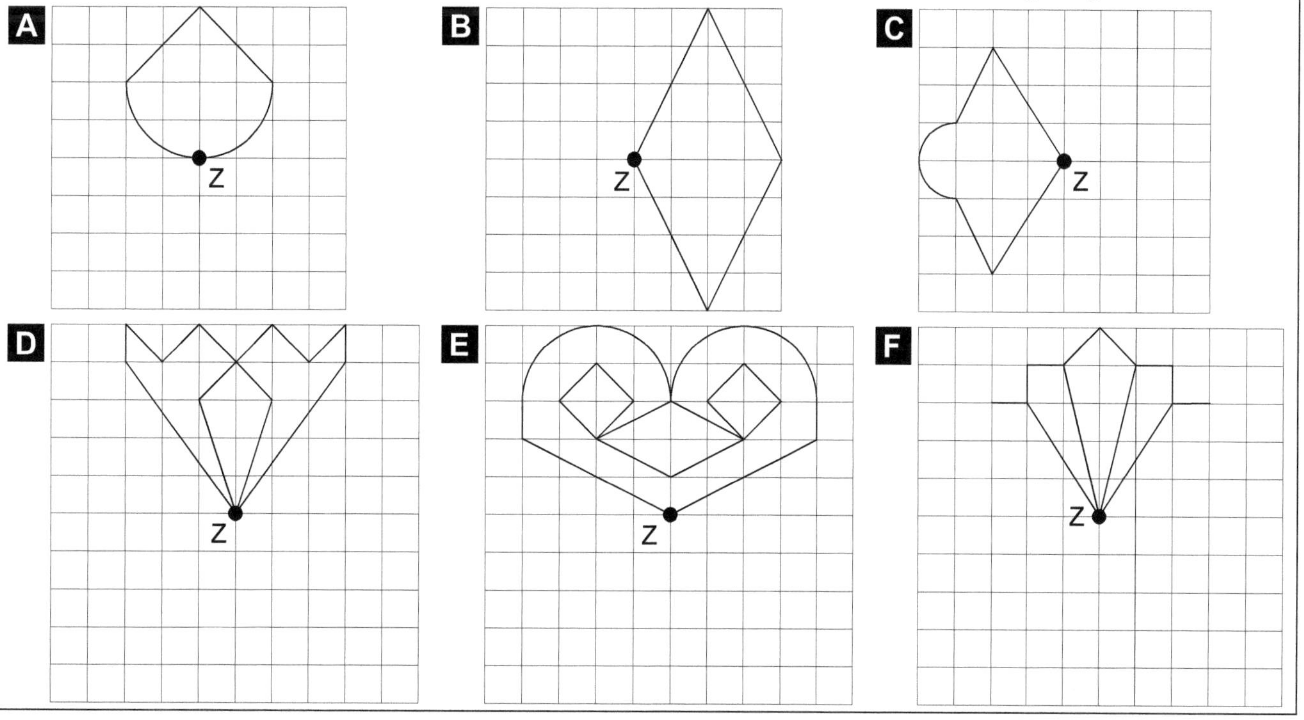

A

Z

B

Z

C

Z

D

Z

E

Z

F

Z

Station E

Symmetrieachsen

Zeichne in die Figuren jeweils alle Symmetrieachsen ein.

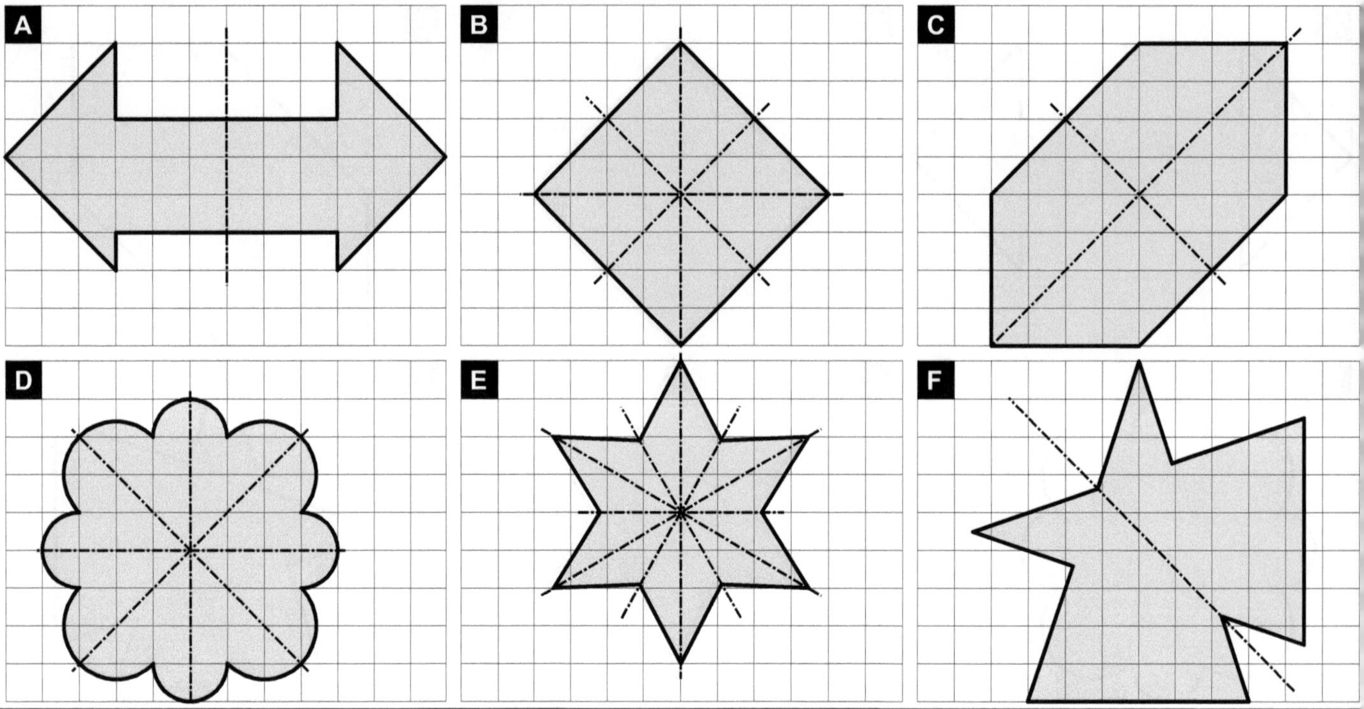

!

A B C D E F

Station P

Erzeugung drehsymmetrischer Figuren

Dreht die Figuren um den Punkt Z jeweils um 90°, 180°, 270° weiter. Ihr könnt eure Bilder farbig anlegen.

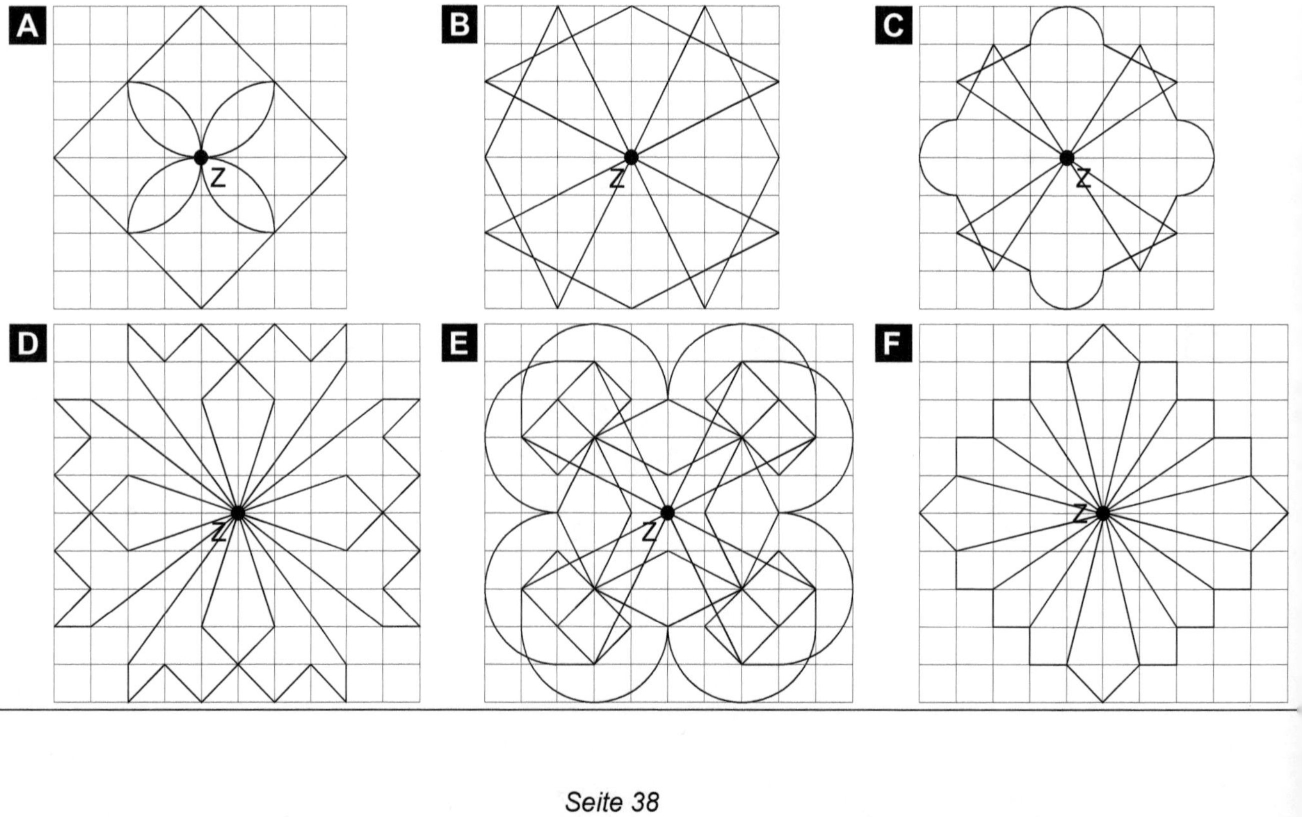

★

A Z B Z C Z D Z E Z F Z

Station

Bestimmen von Flächeninhalten

Den Flächeninhalt einer ebenen Figur bestimmst du, indem du die Anzahl der quadratischen Kästchen zählst, die von der grauen Fläche bedeckt werden. Ein Kästchen hat einen Flächeninhalt von 1 cm² [*sprich*: ein Quadratzentimeter].

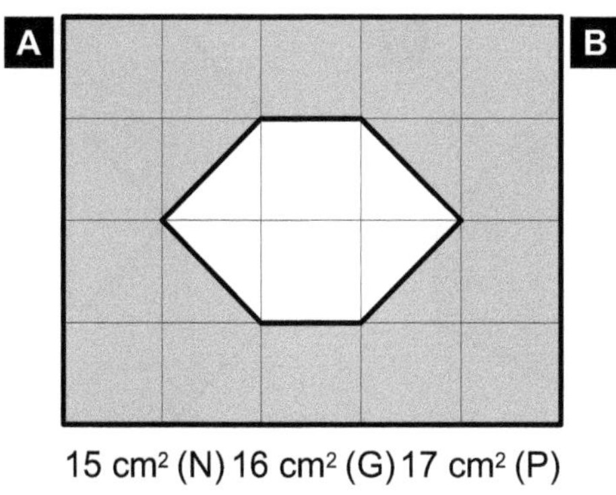

A: 15 cm² (N) 16 cm² (G) 17 cm² (P)

B: 12 cm² (U) 13 cm² (L) 14 cm² (E)

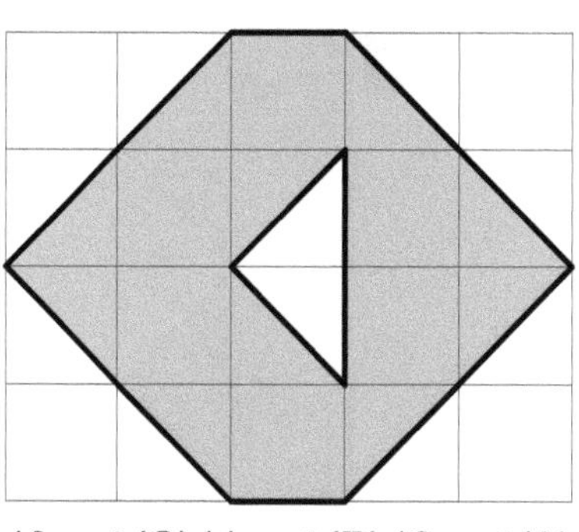

C: 10 cm² (G) 11 cm² (R) 12 cm² (A)

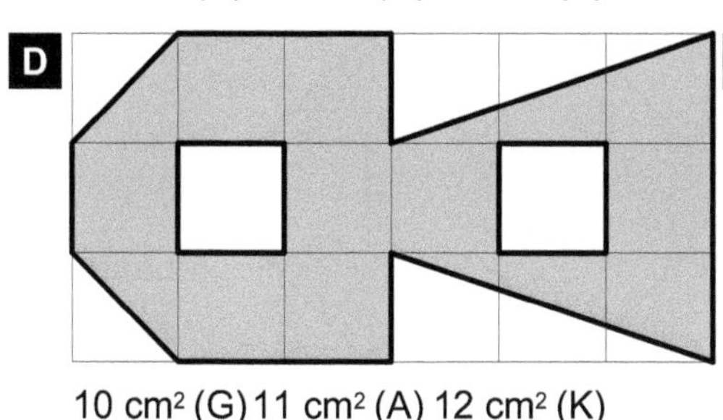

D: 10 cm² (G) 11 cm² (A) 12 cm² (K)

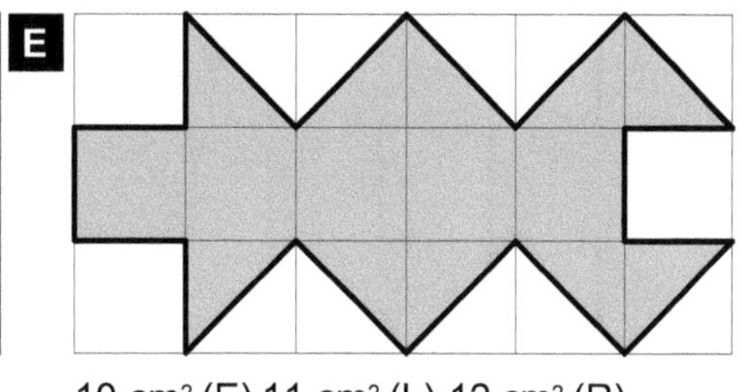

E: 10 cm² (E) 11 cm² (L) 12 cm² (R)

Lösungswort:

Station

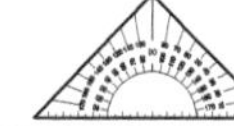

Flächen mit gleichem Flächeninhalt

Zeichne eine weitere Fläche, die den gleichen Flächeninhalt wie die zwei anderen Flächen hat.

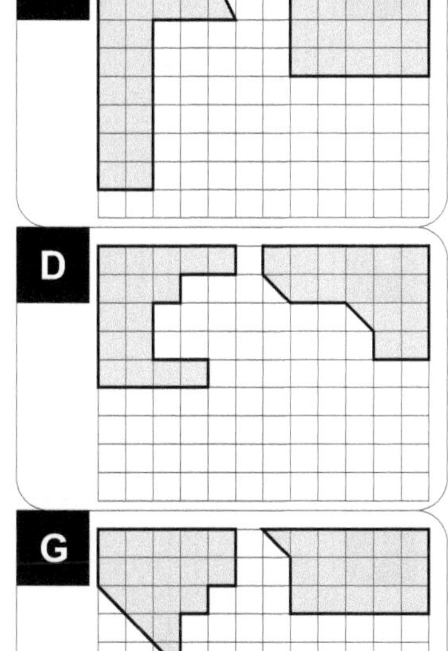

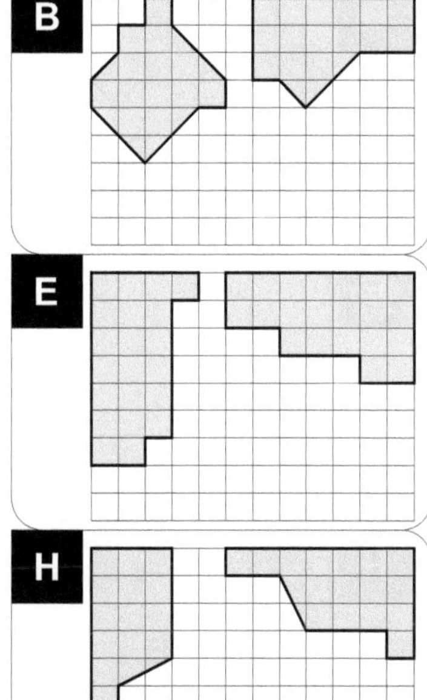

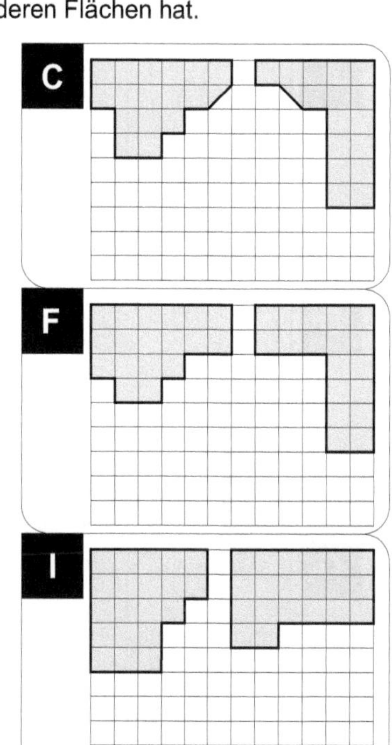

Station

Bestimmen von Flächeninhalten

Den Flächeninhalt einer ebenen Figur bestimmst du, indem du die Anzahl der quadratischen Kästchen zählst, die von der grauen Fläche bedeckt werden. Ein Kästchen hat einen Flächeninhalt von 1 cm² [*sprich*: ein Quadratzentimeter].

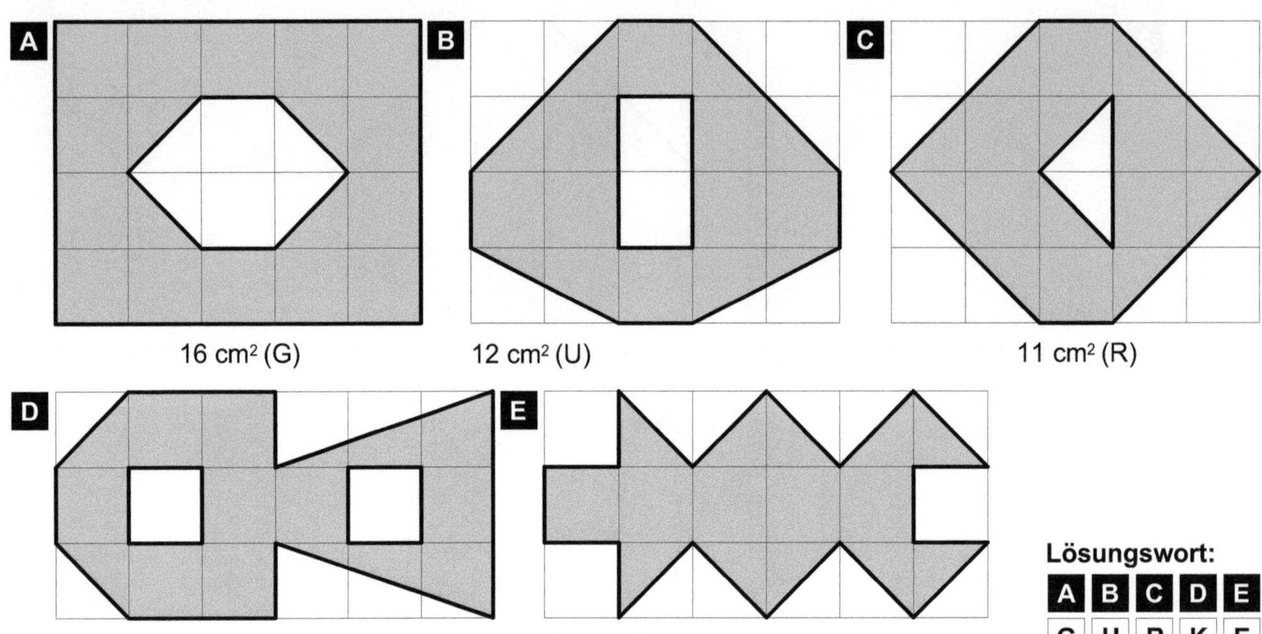

Lösungswort:

A	B	C	D	E
G	U	R	K	E

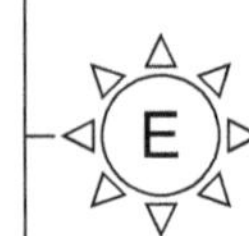

Station

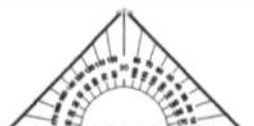

Flächen mit gleichem Flächeninhalt

Zeichne eine weitere Fläche, die den gleichen Flächeninhalt wie die zwei anderen Flächen hat.

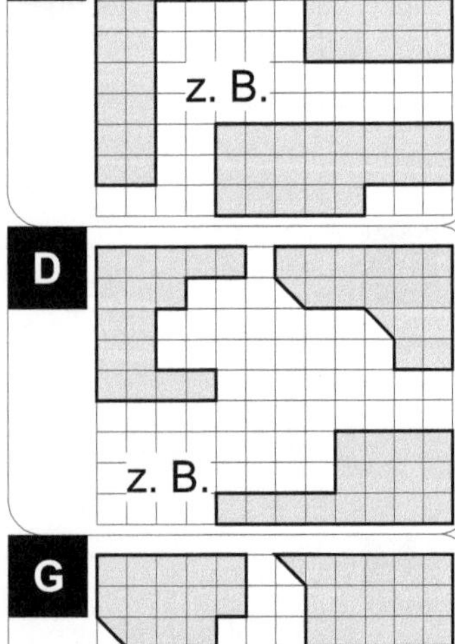

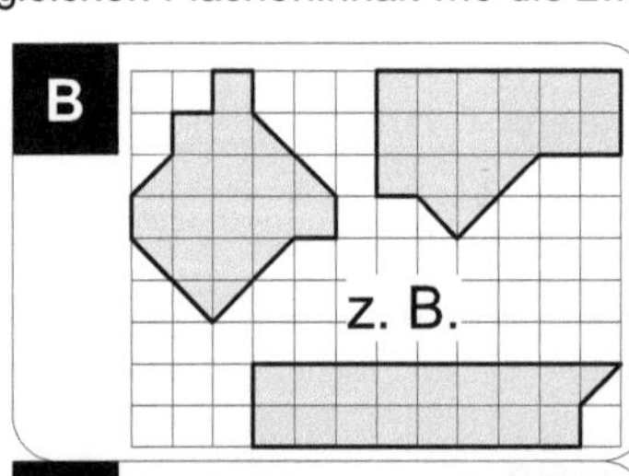

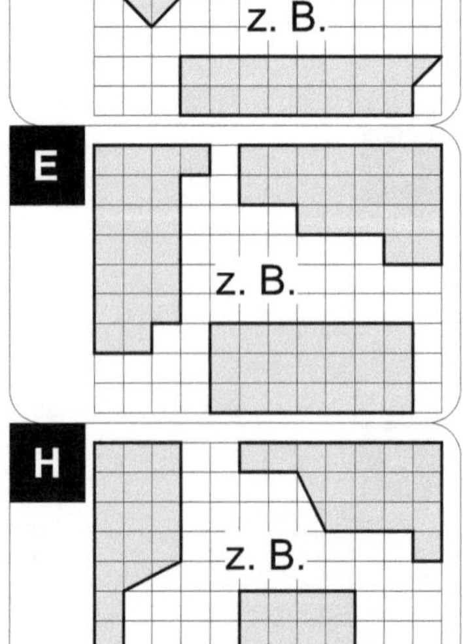

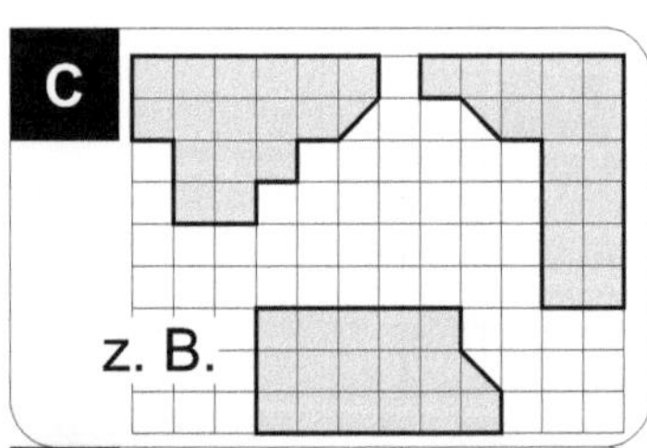

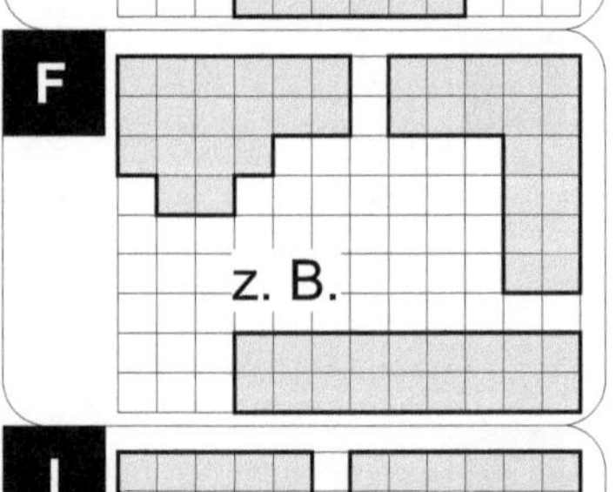

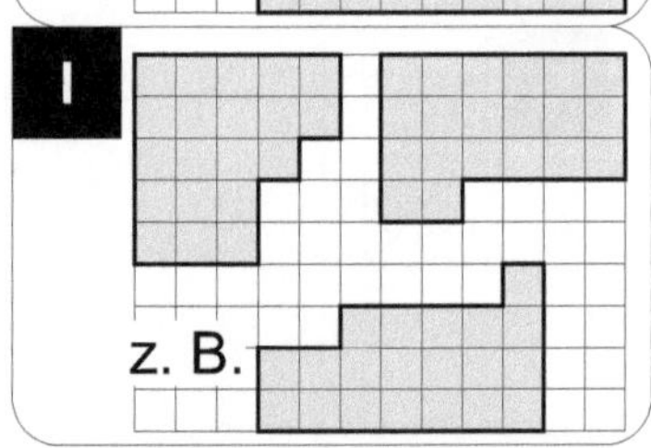

P

Station

Mehrfachspiegelung im Gitternetz

Spiegelt die vorgegebenen Muster mehrfach an den vier Spiegelachsen. Ihr könnt euer Bild farbig anlegen.

A

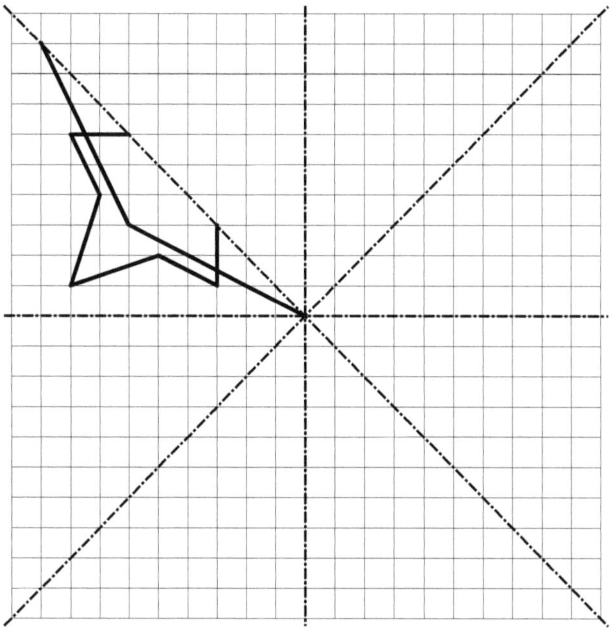

B

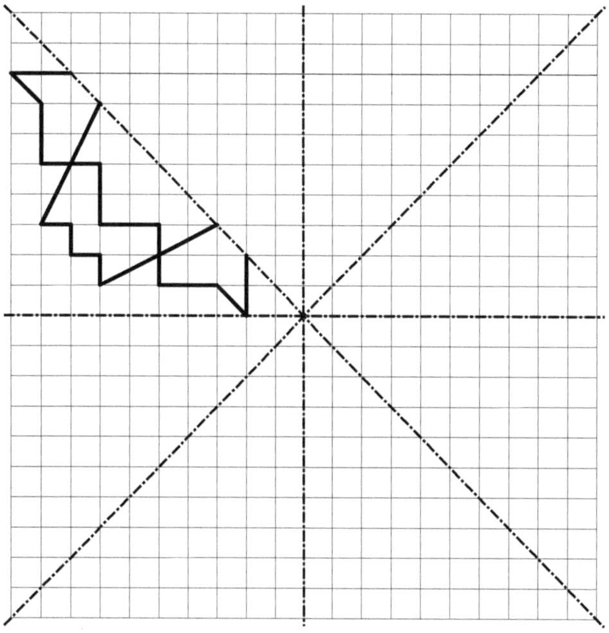

E

Station

Umfang von Vielecken

Wie lang sind die Seiten der einzelnen regelmäßigen Vielecke?

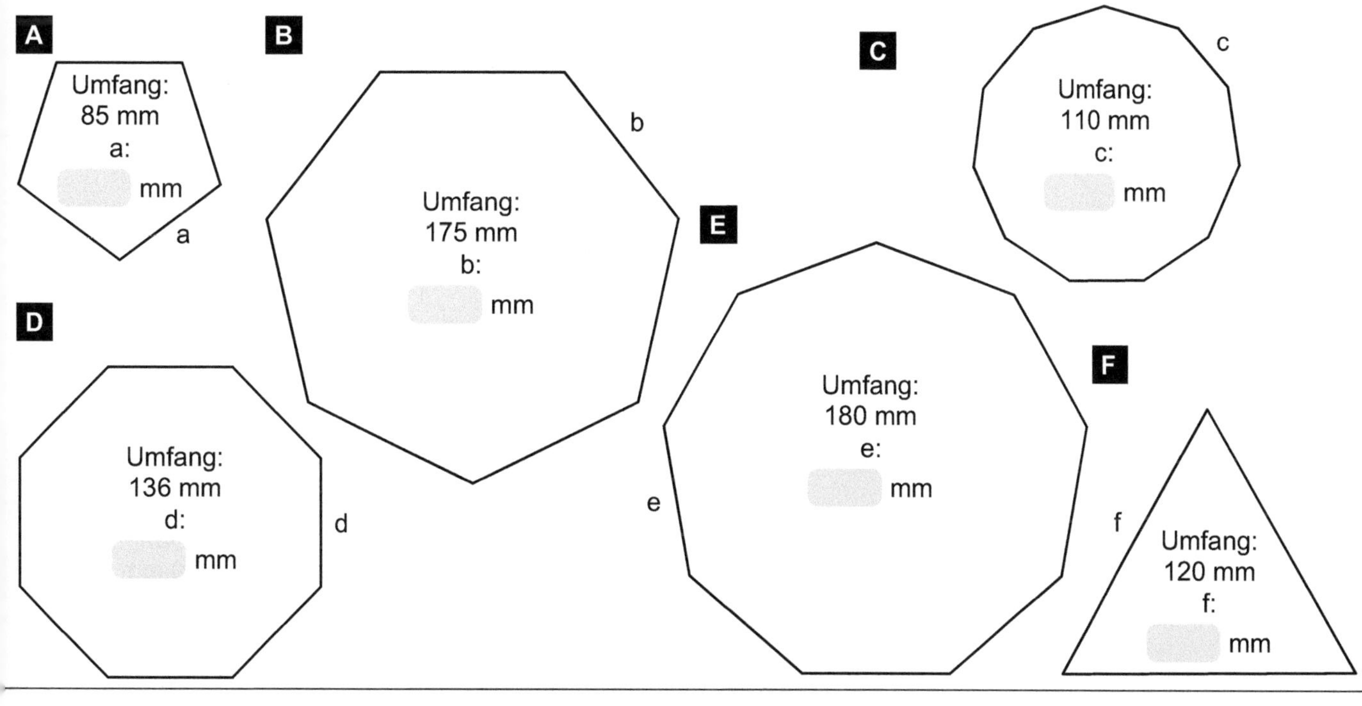

A

Umfang: 85 mm
a: mm

a

B

Umfang: 175 mm
b: mm

b

C

Umfang: 110 mm
c: mm

c

D

Umfang: 136 mm
d: mm

d

E

Umfang: 180 mm
e: mm

e

F

Umfang: 120 mm
f: mm

f

P

Station

Mehrfachspiegelung im Gitternetz

Spiegelt die vorgegebenen Muster mehrfach an den vier Spiegelachsen. Ihr könnt euer Bild farbig anlegen.

A

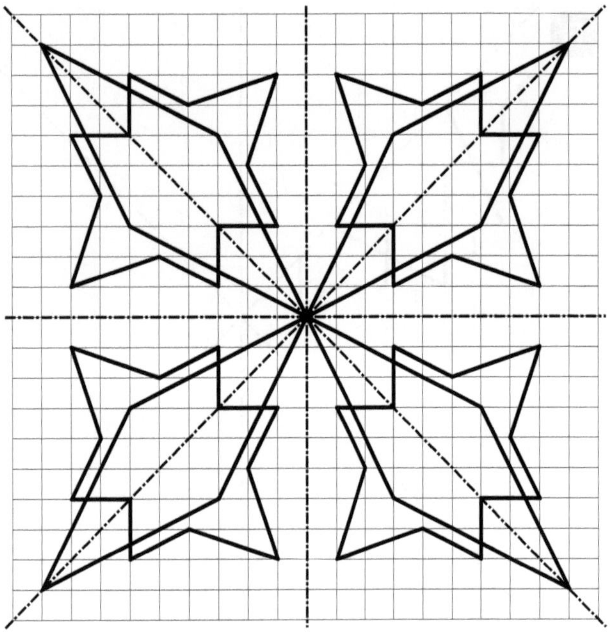

B

E

Station

Umfang von Vielecken

Wie lang sind die Seiten der einzelnen regelmäßigen Vielecke?

A Fünfeck

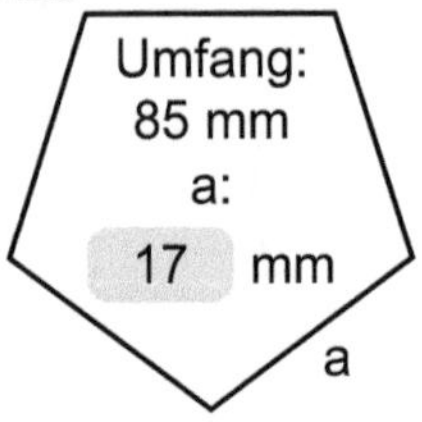

Umfang: 85 mm
a: 17 mm

B Siebeneck

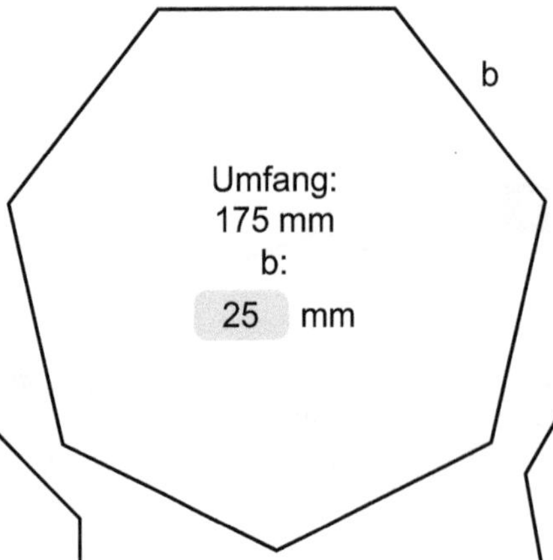

Umfang: 175 mm
b: 25 mm

C Elfeck

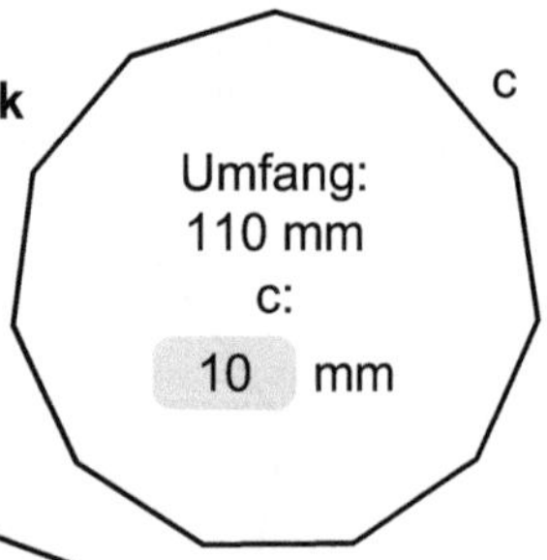

Umfang: 110 mm
c: 10 mm

D Achteck

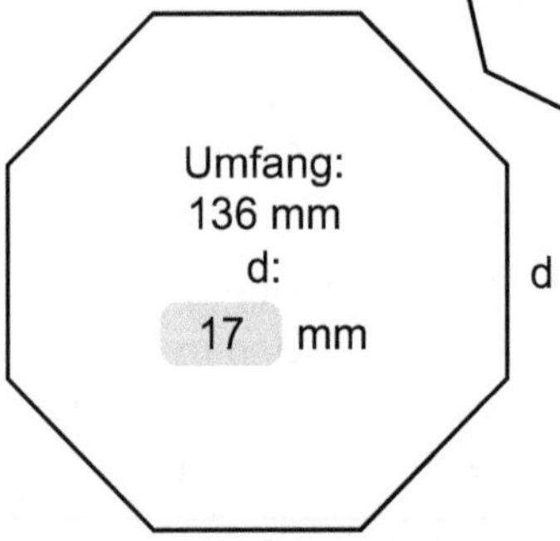

Umfang: 136 mm
d: 17 mm

E Neuneck

Umfang: 180 mm
e: 20 mm

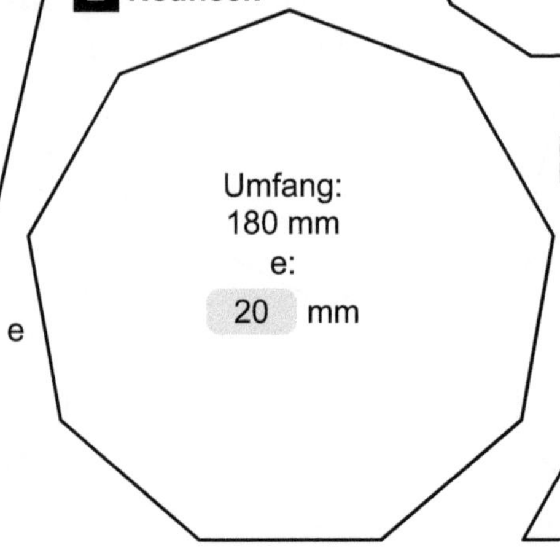

F gleichseitiges Dreieck

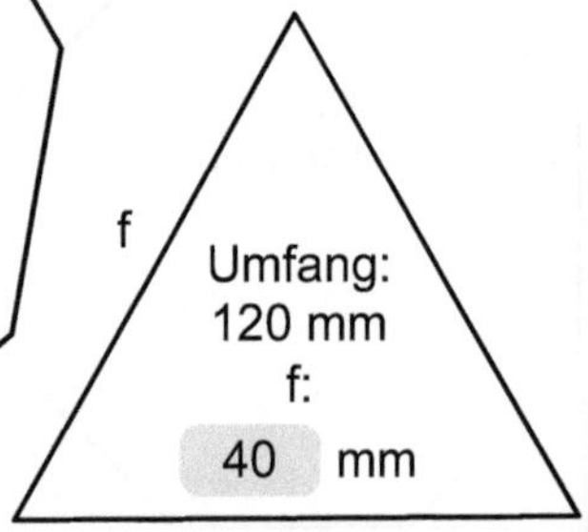

Umfang: 120 mm
f: 40 mm

Station E

Ecken, Kanten und Flächen von Körpern

Fülle die Tabelle aus.

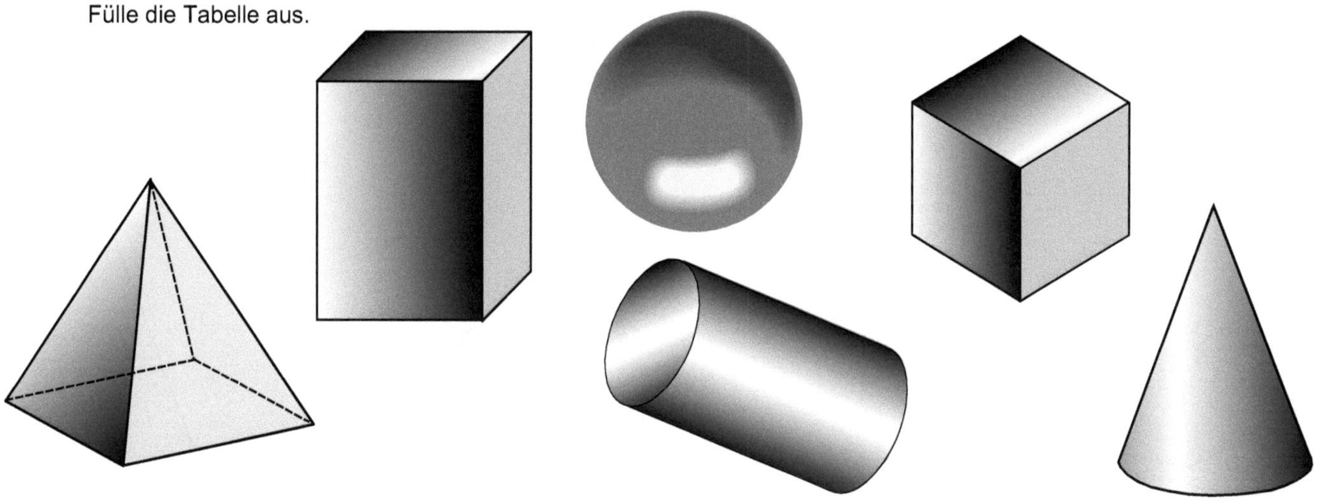

Anzahl	**Würfel**	**Quader**	**Zylinder**	**Kugel**	**Pyramide**	**Kegel**
Ecken						
Kanten						
Flächen						

Station P

Zeichnen von Strecken

Zeichnet die folgenden Strecken:

$\overline{H_1L_1}$	$\overline{L_1T_2}$	$\overline{T_2V_1}$	$\overline{V_1A_2}$	$\overline{A_2O_1}$
$\overline{O_1S_1}$	$\overline{S_1B_2}$	$\overline{B_2M_1}$	$\overline{M_1T_1}$	$\overline{T_1R_1}$
$\overline{R_1K_1}$	$\overline{K_1U_2}$	$\overline{U_2B_1}$	$\overline{B_1G_2}$	$\overline{G_2U_1}$
$\overline{U_1J_2}$	$\overline{J_2O_2}$	$\overline{O_2E_1}$	$\overline{E_1C_2}$	$\overline{C_2H_2}$
$\overline{H_2S_2}$	$\overline{S_2J_1}$	$\overline{J_1C_1}$	$\overline{A_2D_1}$	$\overline{D_1E_2}$
$\overline{E_2V_2}$	$\overline{V_2M_2}$	$\overline{M_2Q_1}$	$\overline{Q_1G_1}$	$\overline{G_1L_2}$
$\overline{L_2N_1}$	$\overline{N_1Q_2}$	$\overline{Q_2I_1}$	$\overline{I_1R_2}$	$\overline{R_2P_2}$
$\overline{P_2I_2}$	$\overline{I_2N_2}$	$\overline{N_2P_1}$	$\overline{P_1G_3}$	$\overline{G_3J_3}$
$\overline{J_3T_3}$	$\overline{T_3D_3}$	$\overline{D_3H_3}$	$\overline{H_3L_3}$	$\overline{L_3V_3}$
$\overline{V_3E_3}$	$\overline{E_3R_3}$	$\overline{R_3K_3}$	$\overline{K_3U_3}$	$\overline{U_3A_3}$
$\overline{A_3B_3}$	$\overline{B_3C_3}$	$\overline{C_3H_1}$		

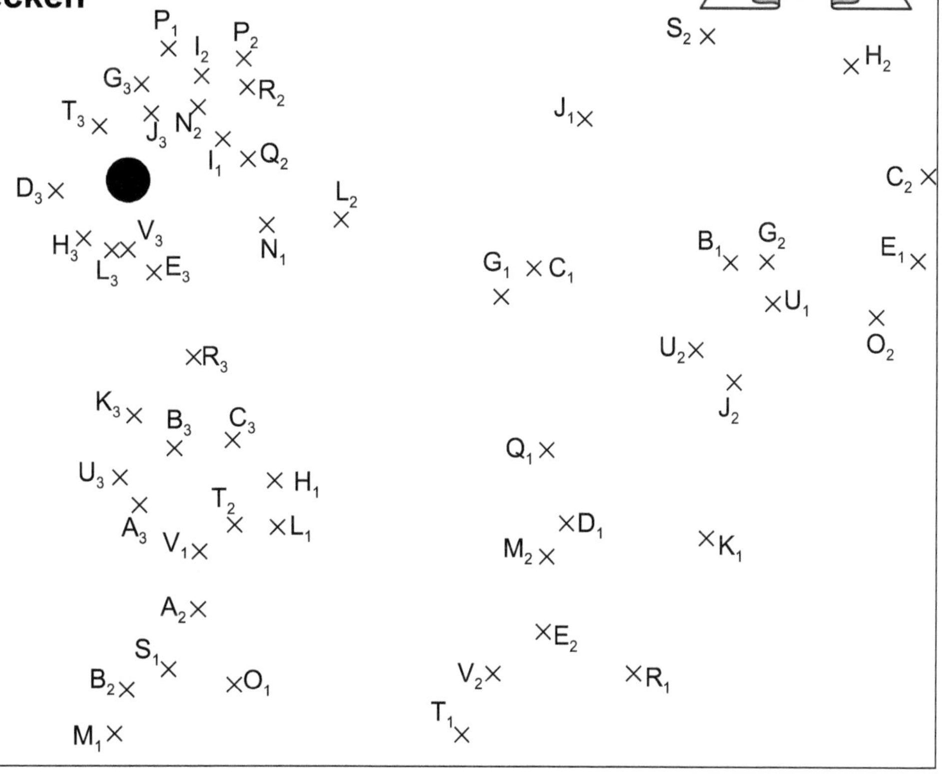

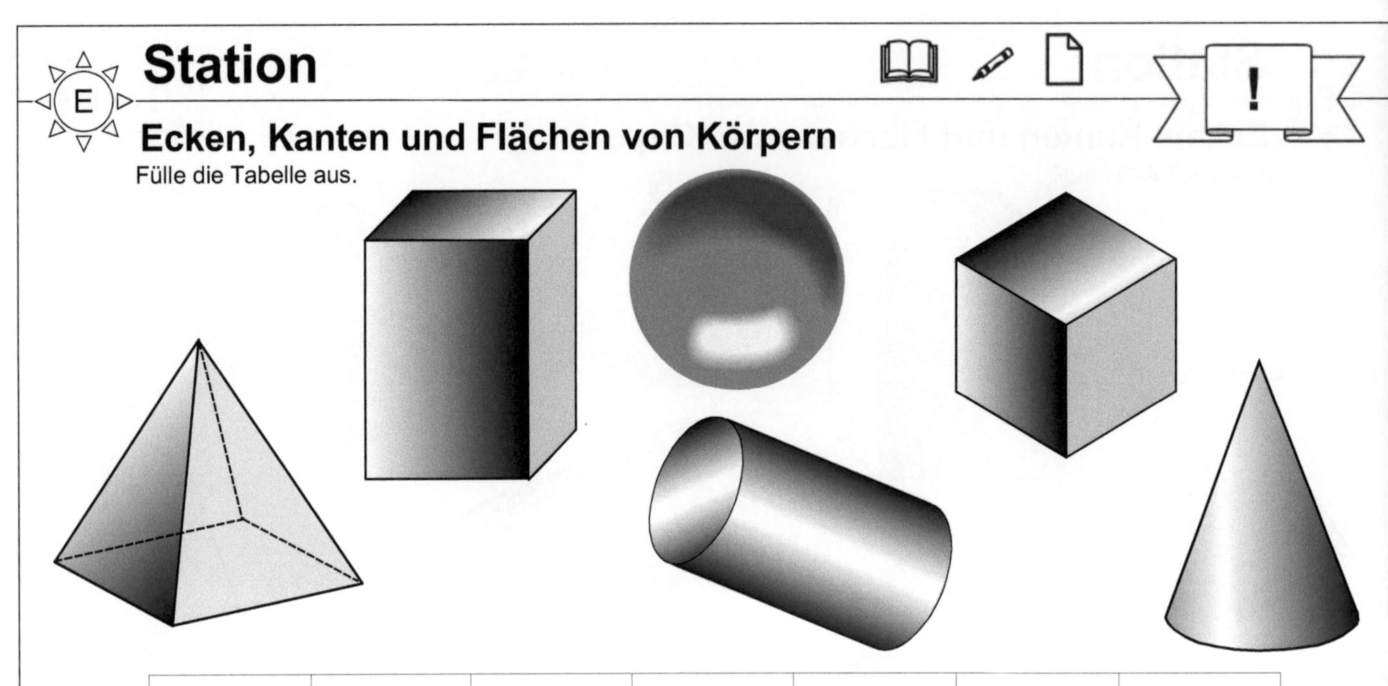

Station E

Ecken, Kanten und Flächen von Körpern

Fülle die Tabelle aus.

Anzahl	**Würfel**	**Quader**	**Zylinder**	**Kugel**	**Pyramide**	**Kegel**
Ecken	8	8	0	0	5	1
Kanten	12	12	2	0	8	1
Flächen	6	6	3	1	5	2

Station P

Zeichnen von Strecken

Zeichnet die folgenden Strecken:

$\overline{H_1L_1}$	$\overline{L_1T_2}$	$\overline{T_2V_1}$	$\overline{V_1A_2}$	$\overline{A_2O_1}$
$\overline{O_1S_1}$	$\overline{S_1B_2}$	$\overline{B_2M_1}$	$\overline{M_1T_1}$	$\overline{T_1R_1}$
$\overline{R_1K_1}$	$\overline{K_1U_2}$	$\overline{U_2B_1}$	$\overline{B_1G_2}$	$\overline{G_2U_1}$
$\overline{U_1J_2}$	$\overline{J_2O_2}$	$\overline{O_2E_1}$	$\overline{E_1C_2}$	$\overline{C_2H_2}$
$\overline{H_2S_2}$	$\overline{S_2J_1}$	$\overline{J_1C_1}$	$\overline{A_2D_1}$	$\overline{D_1E_2}$
$\overline{E_2V_2}$	$\overline{V_2M_2}$	$\overline{M_2Q_1}$	$\overline{Q_1G_1}$	$\overline{G_1L_2}$
$\overline{L_2N_1}$	$\overline{N_1Q_2}$	$\overline{Q_2I_1}$	$\overline{I_1R_2}$	$\overline{R_2P_2}$
$\overline{P_2I_2}$	$\overline{I_2N_2}$	$\overline{N_2P_1}$	$\overline{P_1G_3}$	$\overline{G_3J_3}$
$\overline{J_3T_3}$	$\overline{T_3D_3}$	$\overline{D_3H_3}$	$\overline{H_3L_3}$	$\overline{L_3V_3}$
$\overline{V_3E_3}$	$\overline{E_3R_3}$	$\overline{R_3K_3}$	$\overline{K_3U_3}$	$\overline{U_3A_3}$
$\overline{A_3B_3}$	$\overline{B_3C_3}$	$\overline{C_3H_1}$		

Station

Längenmessung mit dem Geodreieck

Peter Pedalo fährt mit dem Rad nach Hause. Er kann ganz verschiedene Wege einschlagen. Nimm einmal ein Geodreieck und miss die vorgeschlagenen Wege nach. 1 cm entspricht dabei genau einem Kilometer. Findest du den kürzesten Weg?

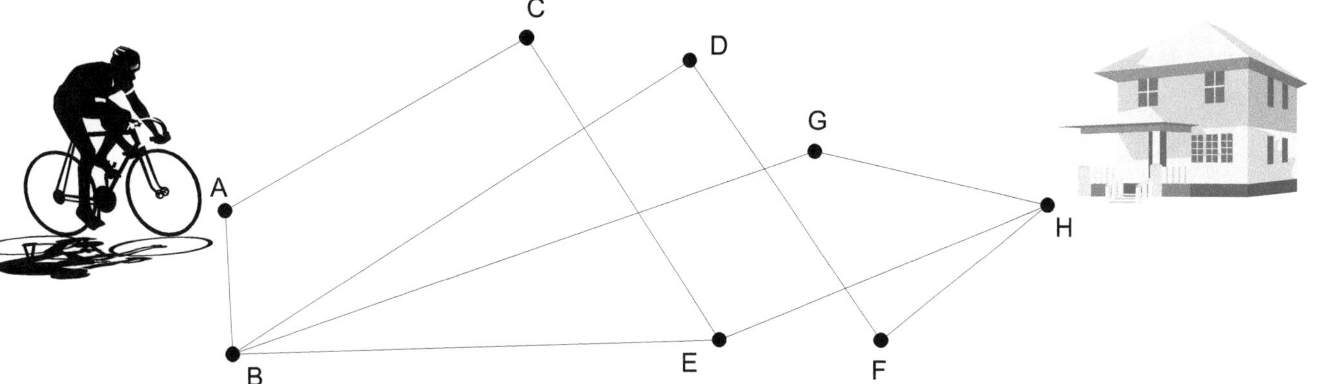

Weg von ... nach	Einzellängen			Gesamtlänge	Wegstrecke
$\overline{ACEH}$	$\overline{AC}$	$\overline{CE}$	$\overline{EH}$	cm	km
$\overline{ABGH}$	$\overline{AB}$	$\overline{BG}$	$\overline{GH}$	cm	km
$\overline{ABEH}$	$\overline{AB}$	$\overline{BE}$	$\overline{EH}$	cm	km

Station

Längenmessung mit dem Geodreieck

Herr Longleg wandert für sein Leben gerne. Welche Strecke er einschlägt, entscheidet er ganz nach Gefühl. Miss einmal die Streckenzüge nach. Was ist wohl der längste Weg von A nach B? Ein Zentimeter in der Zeichnung entspricht 500 Meter in Wirklichkeit.

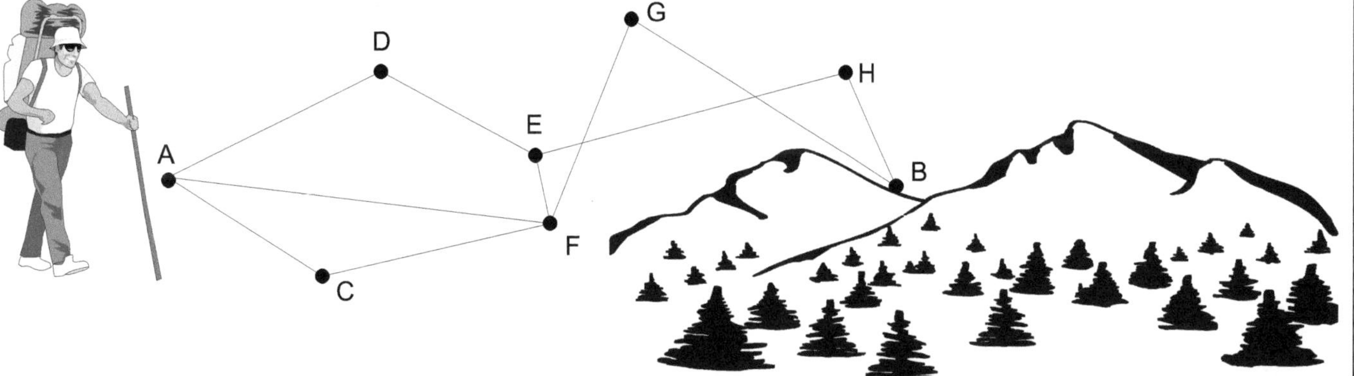

Weg von ... nach	Einzellängen				Gesamtlänge	Wanderstrecke
$\overline{ACFGB}$	$\overline{AC}$	$\overline{CF}$	$\overline{FG}$	$\overline{GB}$	cm	km
$\overline{ADEHB}$	$\overline{AD}$	$\overline{DE}$	$\overline{EH}$	$\overline{HB}$	cm	km
$\overline{AFEHB}$	$\overline{AF}$	$\overline{FE}$	$\overline{EH}$	$\overline{HB}$	cm	km

Station

Längenmessung mit dem Geodreieck

Peter Pedalo fährt mit dem Rad nach Hause. Er kann ganz verschiedene Wege einschlagen. Nimm einmal ein Geodreieck und miss die vorgeschlagenen Wege nach. 1 cm entspricht dabei genau einem Kilometer. Findest du den kürzesten Weg?

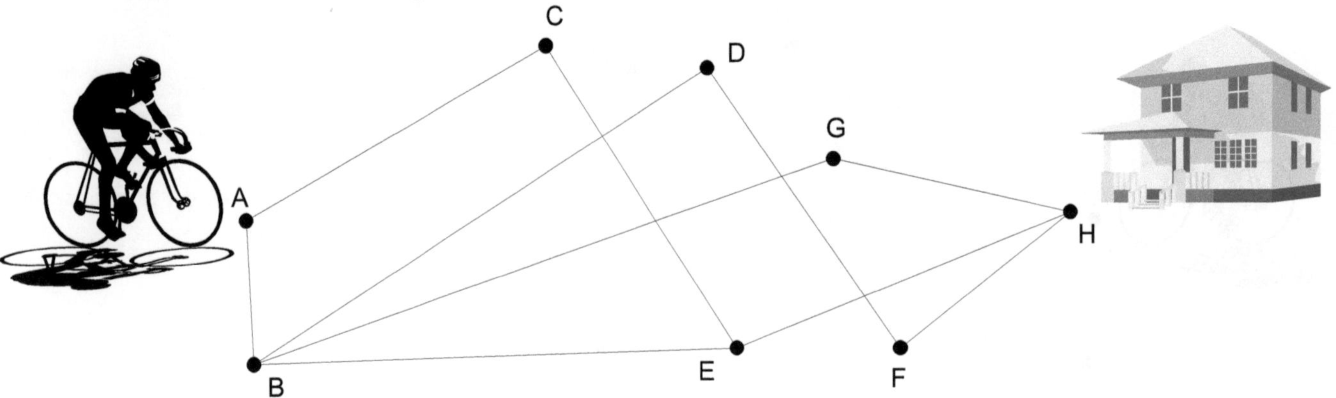

Weg von ... nach	Einzellängen			Gesamtlänge	Wegstrecke
$\overline{ACEH}$	$\overline{AC}$ 4,7 cm	$\overline{CE}$ 4,7 cm	$\overline{EH}$ 4,9 cm	14,3 cm	14,3 km
$\overline{ABGH}$	$\overline{AB}$ 1,9 cm	$\overline{BG}$ 8,4 cm	$\overline{GH}$ 3,3 cm	13,6 cm	13,6 km
$\overline{ABEH}$	$\overline{AB}$ 1,9 cm	$\overline{BE}$ 6,6 cm	$\overline{EH}$ 4,9 cm	13,4 cm	13,4 km

Station

Längenmessung mit dem Geodreieck

Herr Longleg wandert für sein Leben gerne. Welche Strecke er einschlägt, entscheidet er ganz nach Gefühl. Miss einmal die Streckenzüge nach. Was ist wohl der längste Weg von A nach B? Ein Zentimeter in der Zeichnung entspricht 500 Meter in Wirklichkeit.

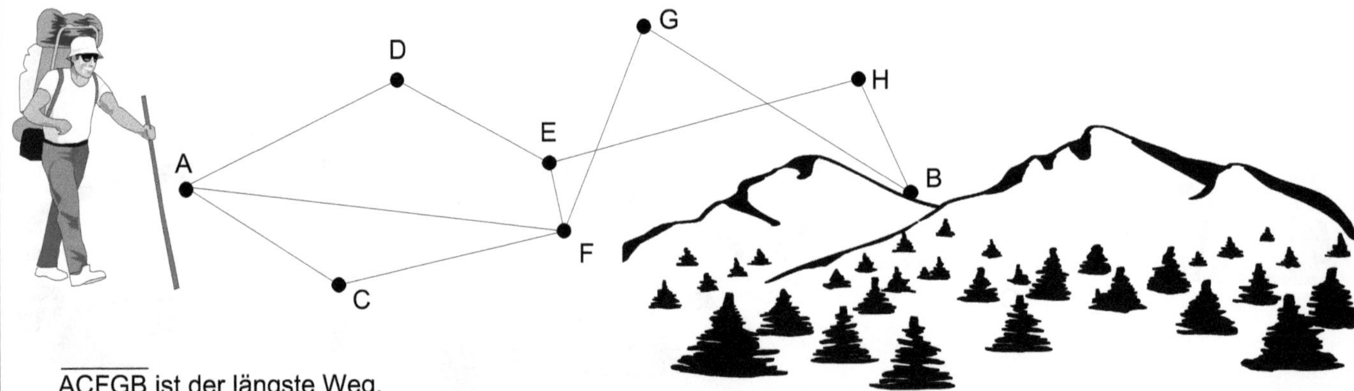

$\overline{ACFGB}$ ist der längste Weg.

Weg von ... nach	Einzellängen				Gesamtlänge	Wanderstrecke
$\overline{ACFGB}$	$\overline{AC}$ 2,4 cm	$\overline{CF}$ 3,2 cm	$\overline{FG}$ 2,9 cm	$\overline{GB}$ 4,2 cm	12,7 cm	6,35 km
$\overline{ADEHB}$	$\overline{AD}$ 3,2 cm	$\overline{DE}$ 2,4 cm	$\overline{EH}$ 4,3 cm	$\overline{HB}$ 1,6 cm	11,5 cm	5,75 km
$\overline{AFEHB}$	$\overline{AF}$ 5,2 cm	$\overline{FE}$ 0,9 cm	$\overline{EH}$ 4,3 cm	$\overline{HB}$ 1,6 cm	12 cm	6 km

E

Station

Vergrößern und Verkleinern

Verkleinere die Figuren im Maßstab 1 : 3.

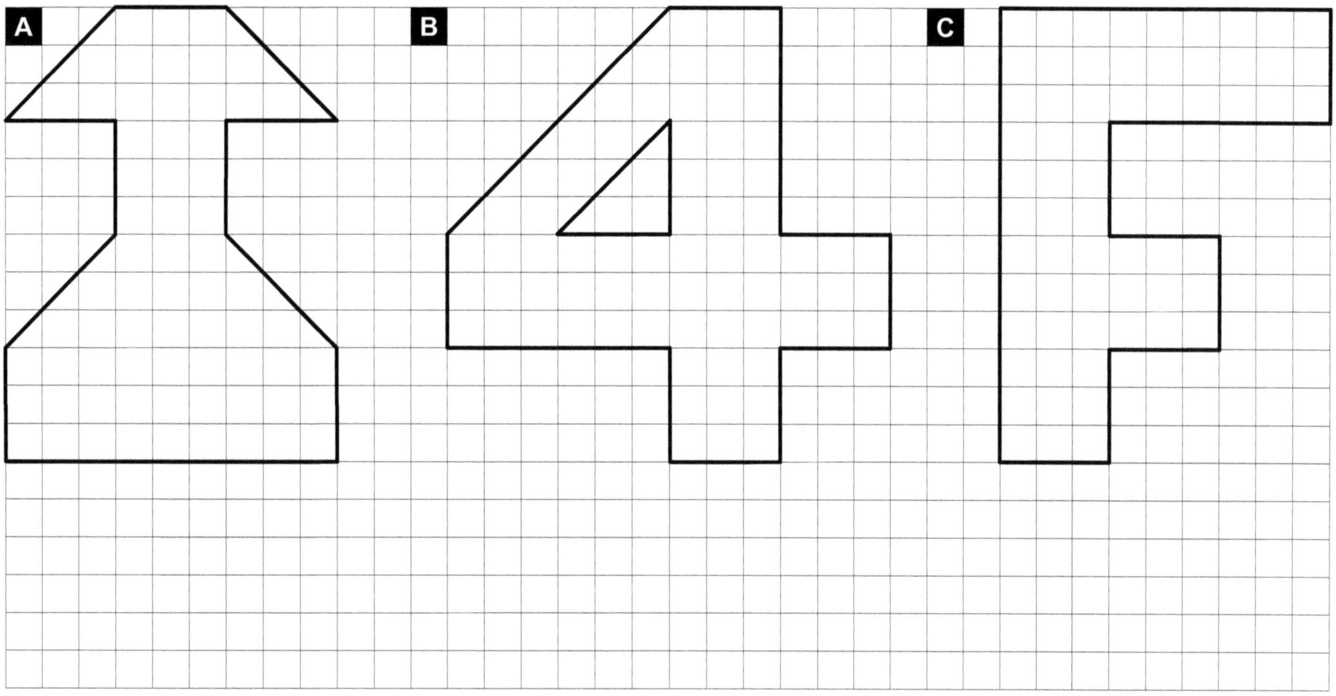

A

B

C

E

Station

Würfelnetze

Ergänze die fehlenden Würfelaugen. Du weißt ja, dass die Augensumme gegenüberliegender Flächen immer 7 ergibt.

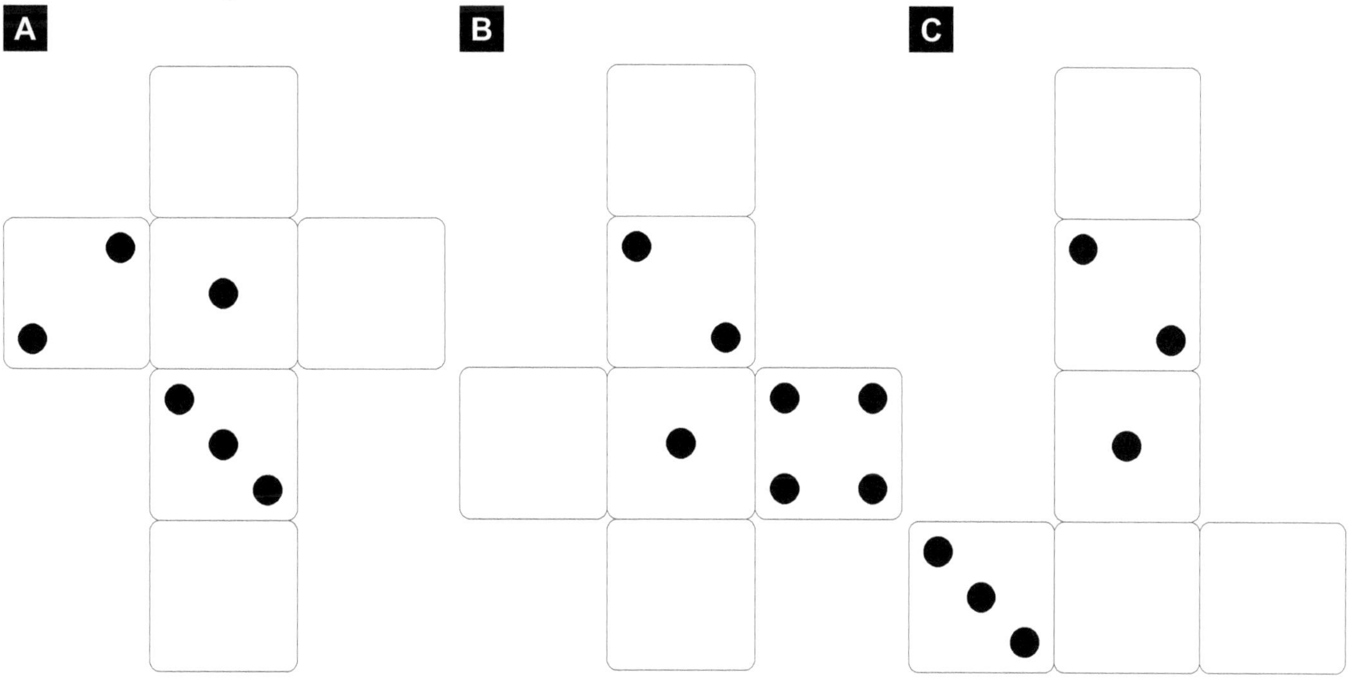

A

B

C

Station E

Vergrößern und Verkleinern

Verkleinere die Figuren im Maßstab 1 : 3.

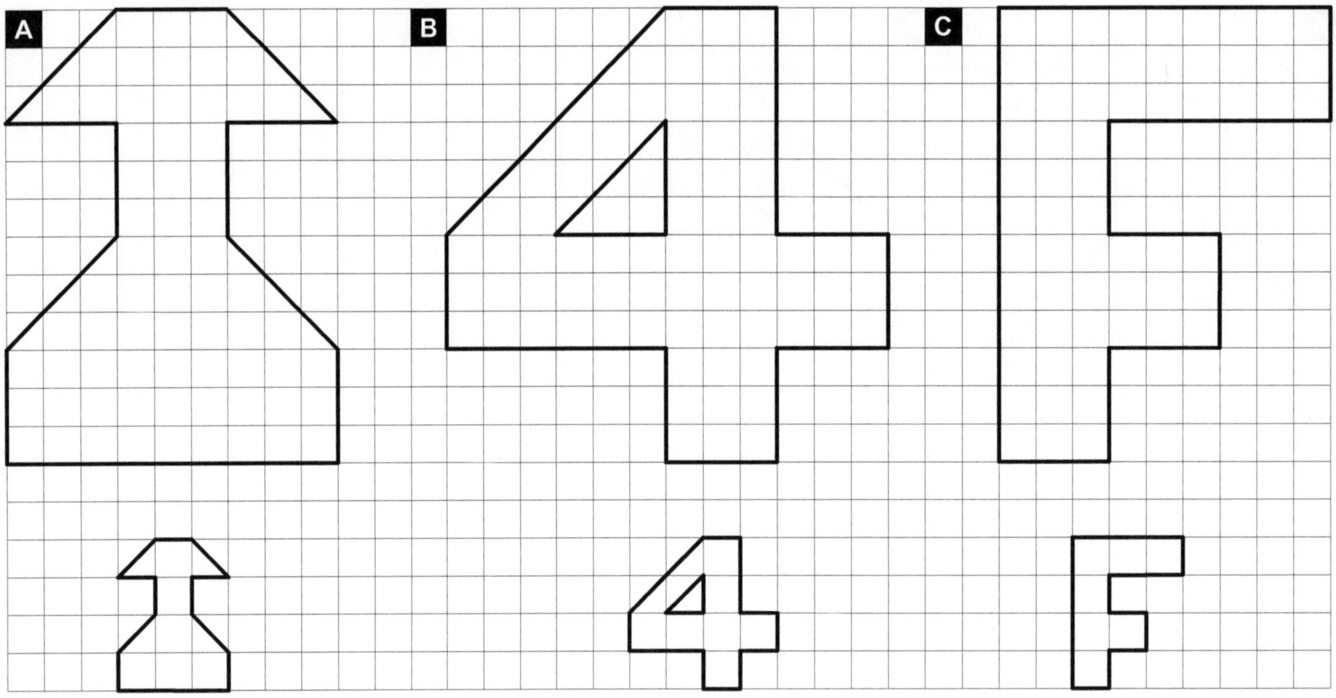

A

B

C

Station E

Würfelnetze

Ergänze die fehlenden Würfelaugen. Du weißt ja, dass die Augensumme gegenüberliegender Flächen immer 7 ergibt.

A

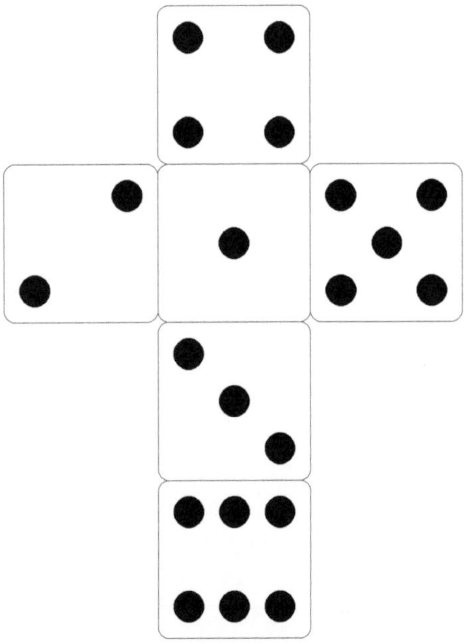

B

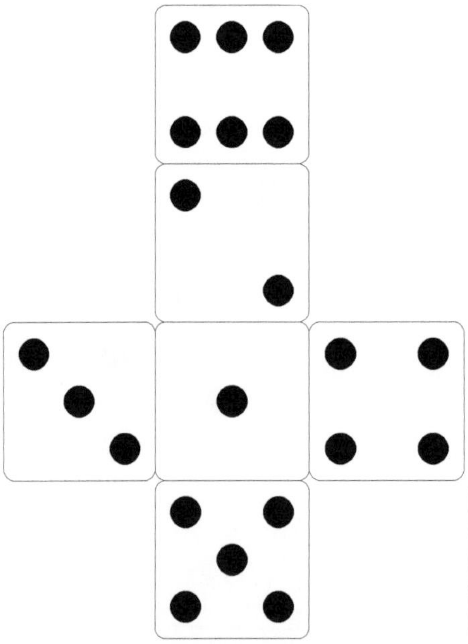

C

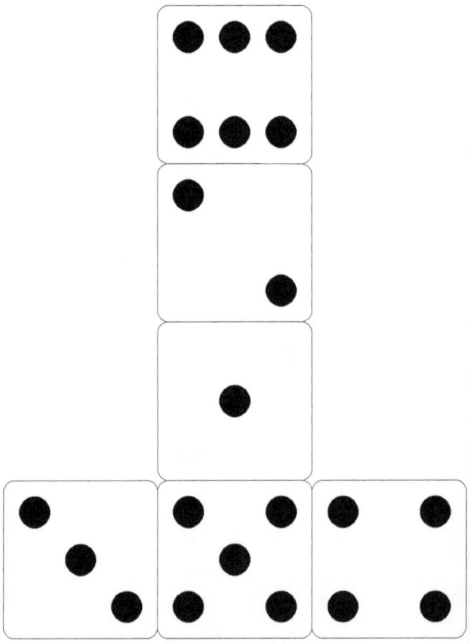

Station E

Umfang Quadrat und Rechteck

Bestimme den Umfang der einzelnen Quadrate und Rechtecke. Die Kennbuchstaben der richtigen Lösungen liefern dir das Lösungswort.

A 4 m; 2,5 m
12 m (P)
13 m (D)
14 m (R)

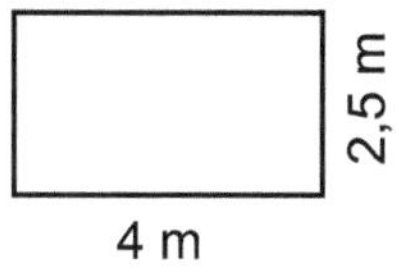

B 6 cm
24 cm (A)
20 cm (E)
12 cm (O)

C 8 cm; 32 mm
80 mm (R)
224 mm (M)
112 mm (D)

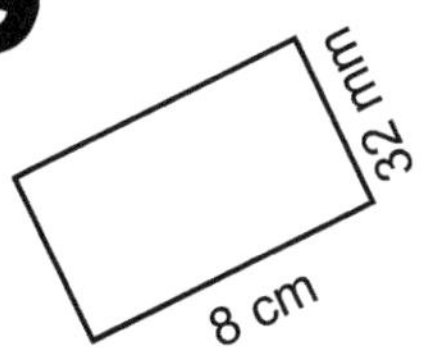

D 25 mm
100 mm (A)
50 mm (H)
625 mm (M)

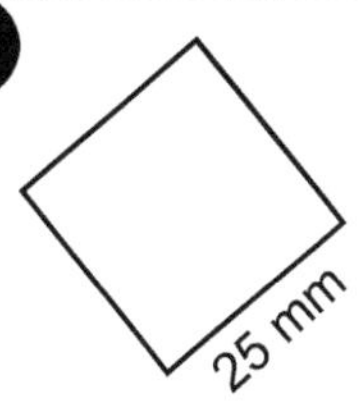

E 3 km; 1,2 km
8000 m (G)
4200 m (E)
8,4 km (S)

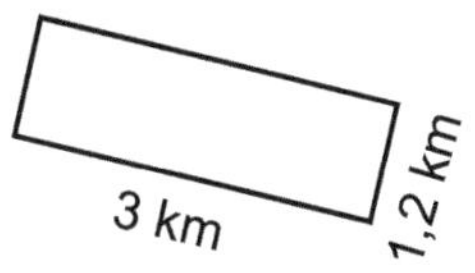

F 2,3 dm
92 cm (K)
4,6 dm (B)
9,2 m (A)

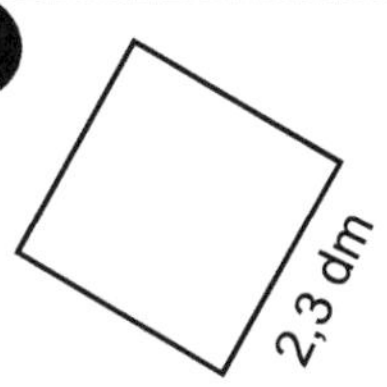

G 7 dm; 95 cm
165 cm (A)
300 cm (Z)
33 dm (U)

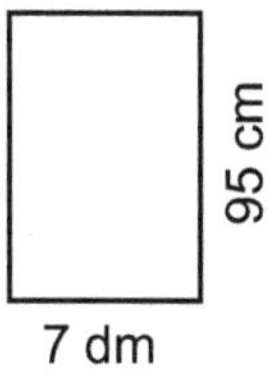

H 3,5 cm
140 mm (S)
12 cm (E)
7 cm (U)

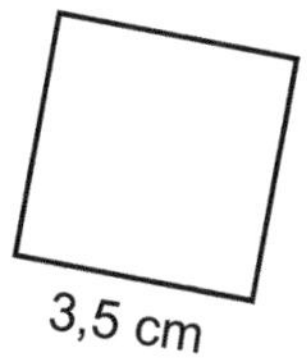

Lösungswort:

A	B	C	D	E	F	G	H

Station E

Parallel und senkrecht

A Zeichne eine Gerade durch die Punkte A(1|1) und B(4|3). Zeichne dann Parallelen zu dieser Geraden durch die Punkte C(2|5), D(1|3) und E(5|2).

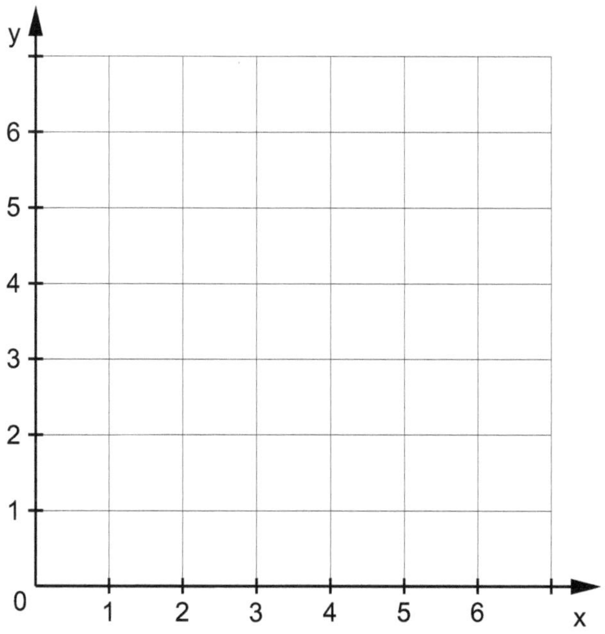

y: 0, 1, 2, 3, 4, 5, 6
x: 1, 2, 3, 4, 5, 6

B Zeichne eine Gerade durch die Punkte A(1|2) und B(7|4). Zeichne dann Senkrechte zu dieser Geraden durch die Punkte C(1|6), D(5|0), E(4|6) und F(6|2).

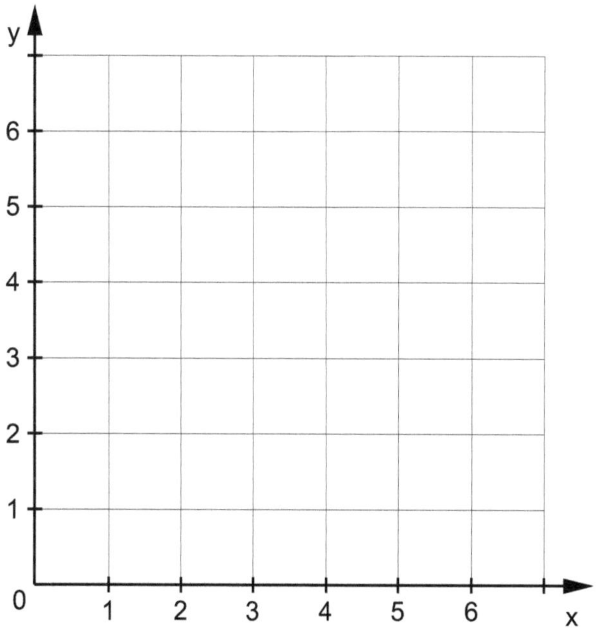

y: 0, 1, 2, 3, 4, 5, 6
x: 1, 2, 3, 4, 5, 6

Station E

Umfang Quadrat und Rechteck

Bestimme den Umfang der einzelnen Quadrate und Rechtecke. Die Kennbuchstaben der richtigen Lösungen liefern dir das Lösungswort.

A 4 m; 2,5 m — 13 m (D)

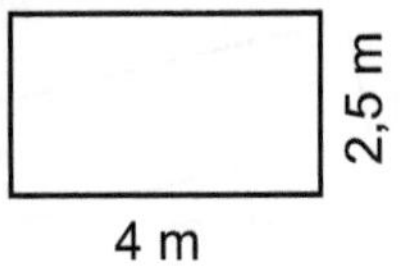

B 6 cm — 24 cm (A)

C 8 cm; 32 mm — 224 mm (M)

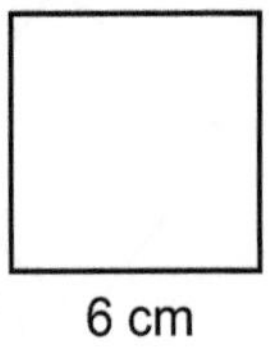

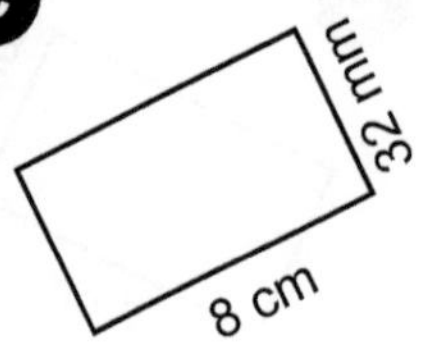

D 25 mm — 100 mm (A)

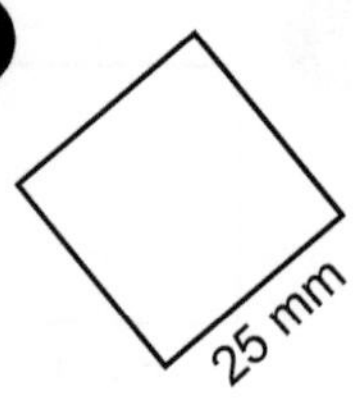

E 3 km; 1,2 km — 8,4 km (S)

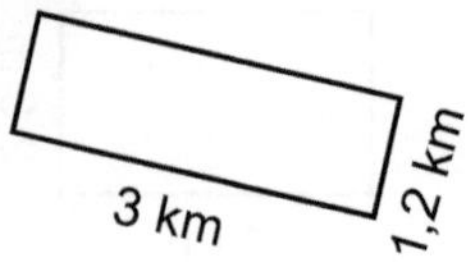

F 2,3 dm — 92 cm (K)

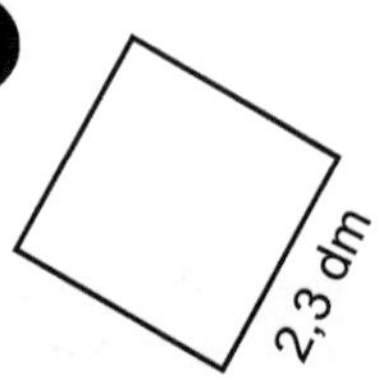

G 7 dm; 95 cm — 33 dm (U)

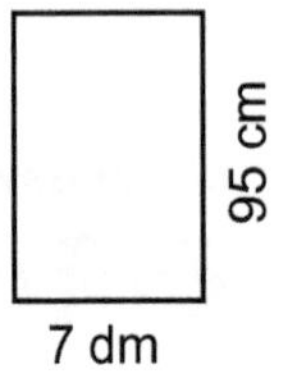

H 3,5 cm — 140 mm (S)

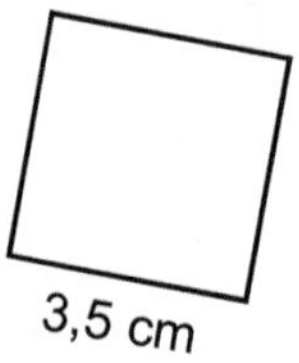

Lösungswort:

A	B	C	D	E	F	G	H
D	A	M	A	S	K	U	S

Station E

Parallel und senkrecht

A Zeichne eine Gerade durch die Punkte A(1|1) und B(4|3). Zeichne dann Parallelen zu dieser Geraden durch die Punkte C(2|5), D(1|3) und E(5|2).

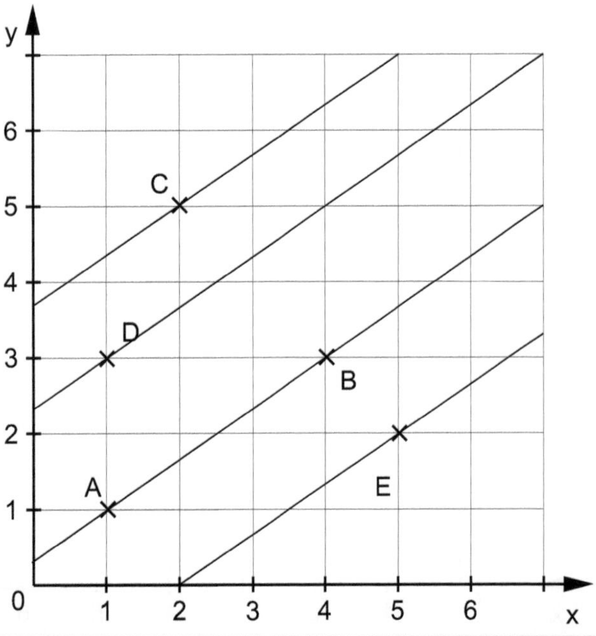

B Zeichne eine Gerade durch die Punkte A(1|2) und B(7|4). Zeichne dann Senkrechte zu dieser Geraden durch die Punkte C(1|6), D(5|0), E(4|6) und F(6|2).

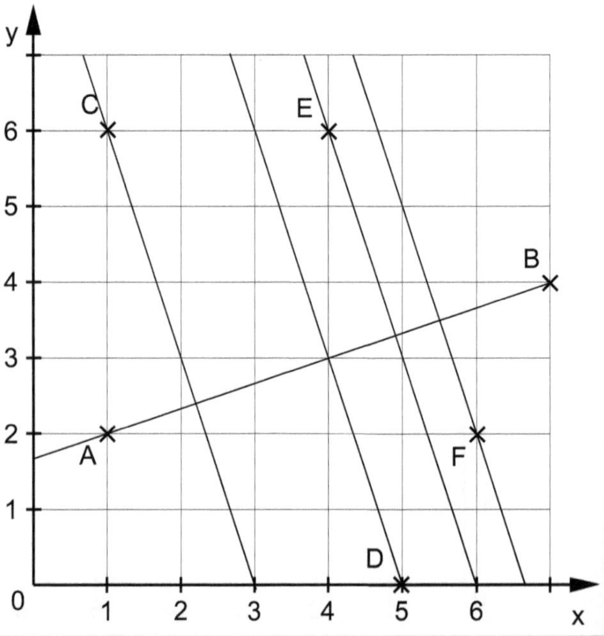

Station

Messen von Strecken

Miss einmal die angegebenen Strecken auf den Millimeter genau aus. Dein Partner trägt deine Maße in die Tabelle ein.

Strecke	Länge in mm
$\overline{AB}$	
$\overline{AR}$	
$\overline{RS}$	
$\overline{OP}$	
$\overline{ON}$	
$\overline{NQ}$	
$\overline{IJ}$	
$\overline{DM}$	
$\overline{EF}$	
$\overline{EK}$	
$\overline{LU}$	
$\overline{LV}$	
$\overline{IT}$	
$\overline{CD}$	
$\overline{GH}$	

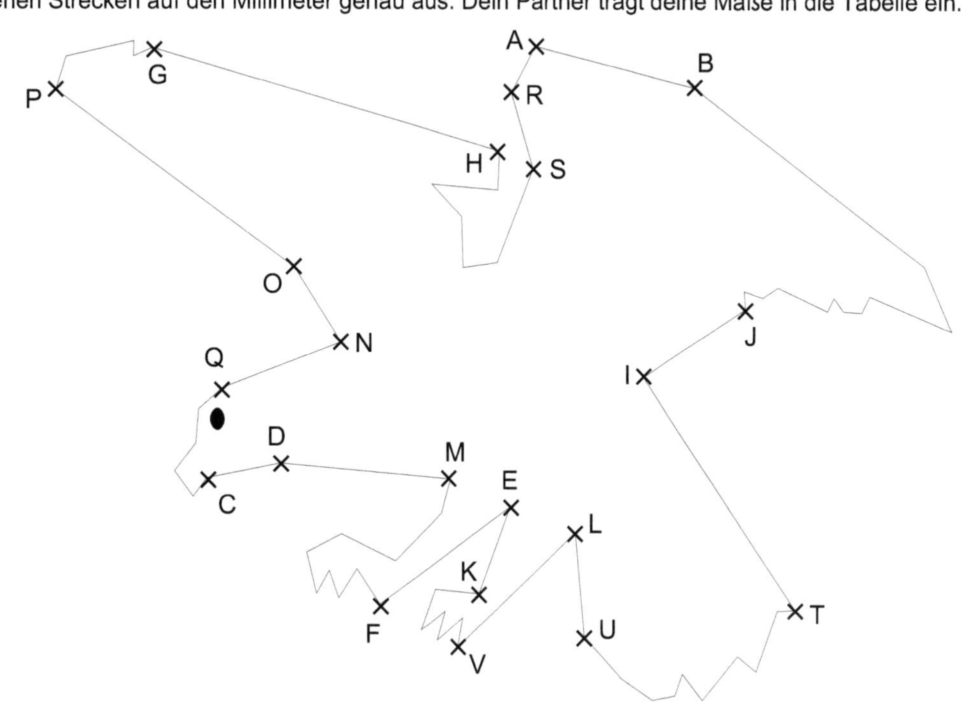

Station

Buchstaben im Gitternetz

Hier siehst du einige Buchstaben als Schrägbild dargestellt. Zeichne anhand dieser Buchstaben ein vergrößertes Schrägbild des Wortes LAGER.

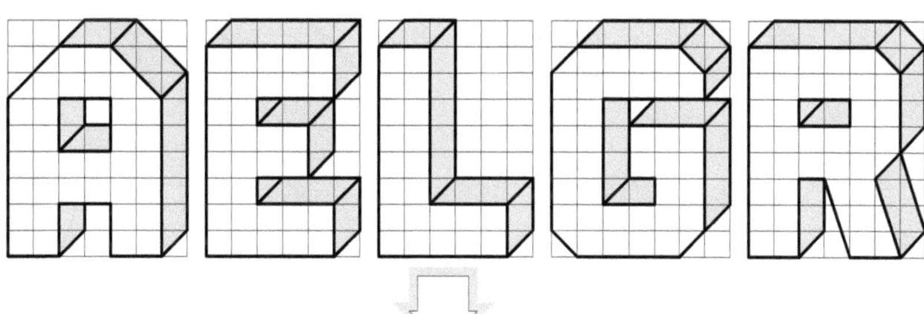

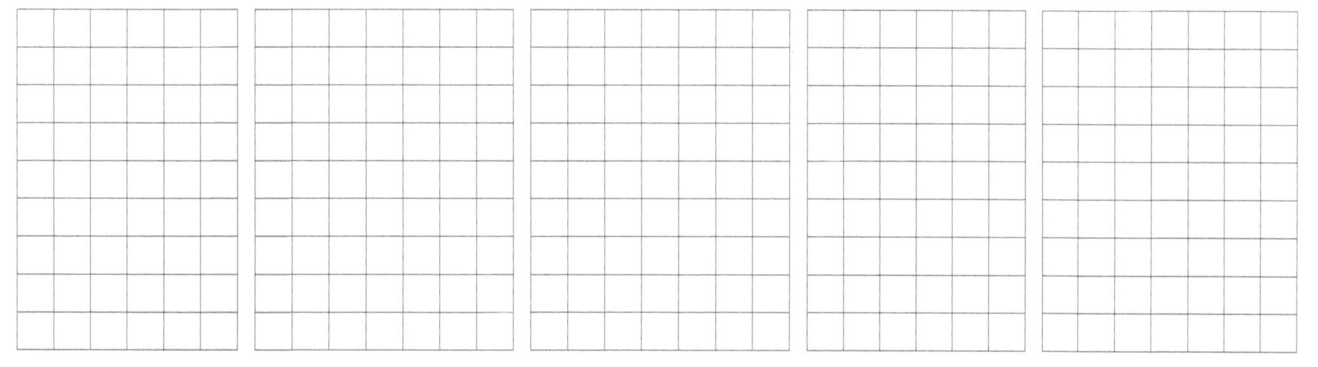

Station

Messen von Strecken

Miss einmal die angegebenen Strecken auf den Millimeter genau aus. Dein Partner trägt deine Maße in die Tabelle ein.

Strecke	Länge in mm
$\overline{AB}$	22
$\overline{AR}$	7
$\overline{RS}$	11
$\overline{OP}$	40
$\overline{ON}$	11
$\overline{NQ}$	17
$\overline{IJ}$	16
$\overline{DM}$	23
$\overline{EF}$	22
$\overline{EK}$	12
$\overline{LU}$	14
$\overline{LV}$	22
$\overline{IT}$	37
$\overline{CD}$	10
$\overline{GH}$	48

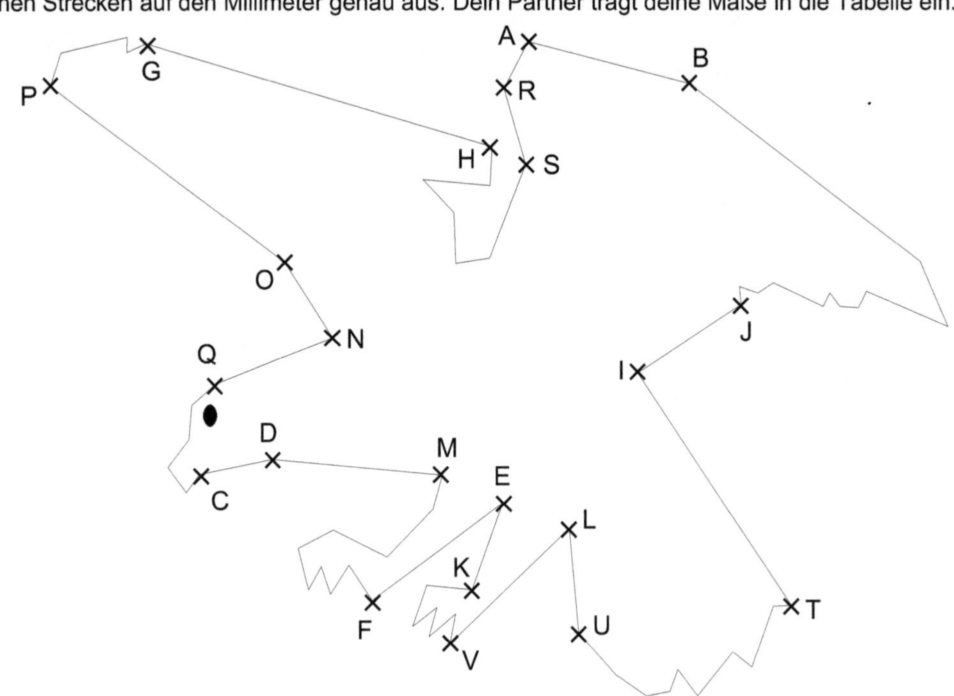

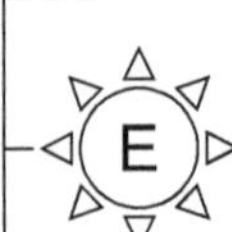

Station

Buchstaben im Gitternetz

Hier siehst du einige Buchstaben als Schrägbild dargestellt. Zeichne anhand dieser Buchstaben ein vergrößertes Schrägbild des Wortes LAGER.

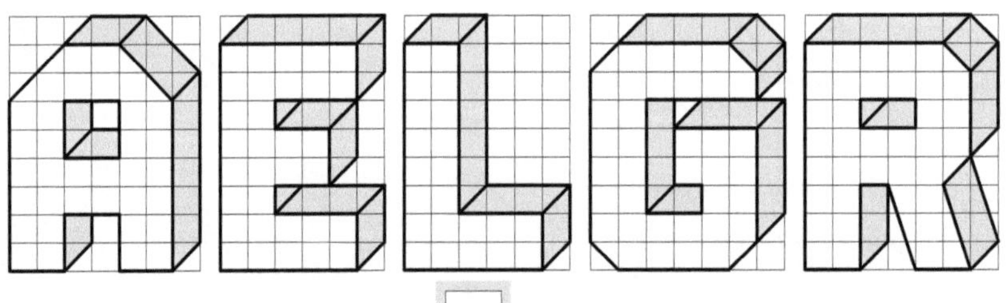

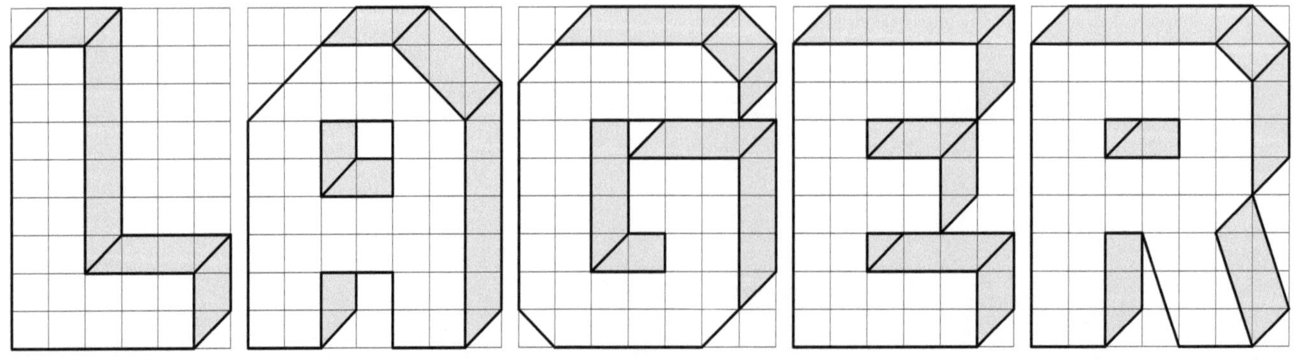

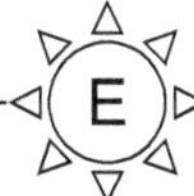

Station

Maßstab

Die 1. Etage eines Einfamilienreihenhauses ist hier im Maßstab 1 : 100 gezeichnet.

a) Im Elternschlafzimmer werden neue Fußleisten angebracht. Welche Länge haben diese Leisten zusammen?

b) Wie lang und wie breit ist das Kinderzimmer I?

c) Kinderzimmer II erhält neuen Teppichboden. Wie viele Quadratmeter werden benötigt?

d) Wie breit können die beiden Nachttische im Schlafzimmer werden, wenn die beiden Betten jeweils 1 m breit sind?

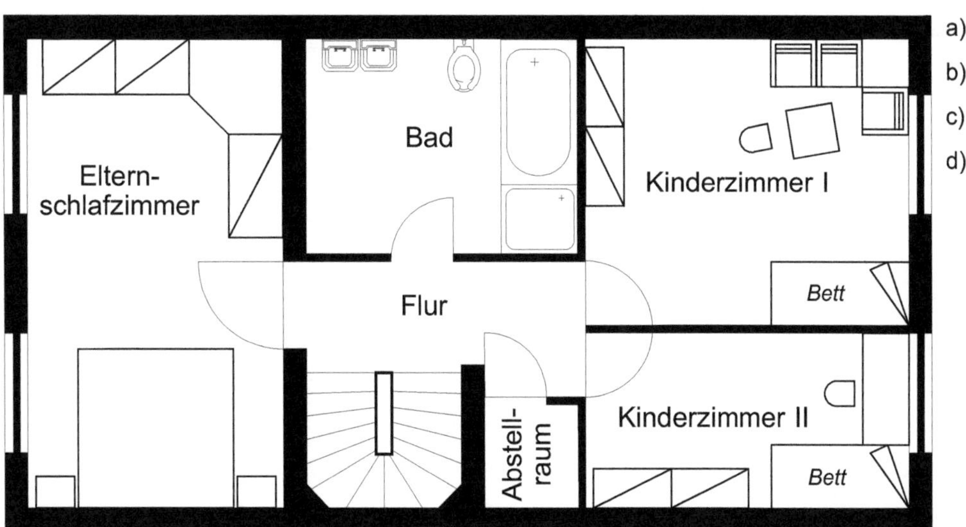

a)

b)

c)

d)

Station

Geometrische Körper

Welcher Körper wird gesucht? Verbinde entsprechend mit Linien und trage in die grauen Kästchen den Namen ein.

WANTED	WANTED	WANTED	WANTED	WANTED
Gesucht wird ein Körper mit	Gesucht wird ein Körper mit	Gesucht wird ein Körper mit	Gesucht wird ein Körper mit	Gesucht wird ein Körper mit
6 Flächen	2 Flächen	1 Fläche	3 Flächen	5 Flächen
8 Ecken	1 Ecke	0 Ecken	0 Ecken	5 Ecken
12 Kanten	1 Kante	0 Kanten	2 Kanten	8 Kanten

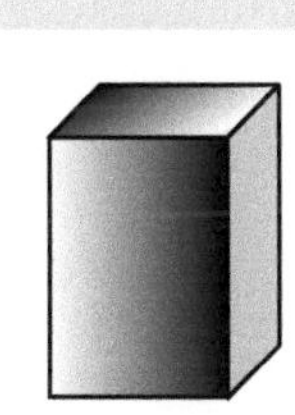
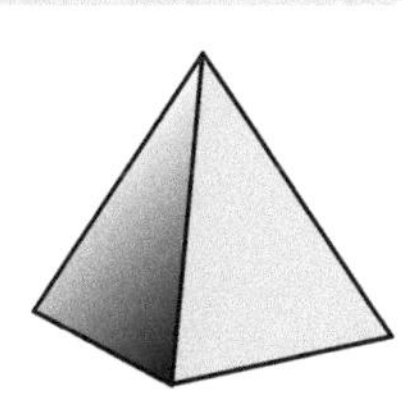

Station

Maßstab

Die 1. Etage eines Einfamilienreihenhauses ist hier im Maßstab 1 : 100 gezeichnet.

a) Im Elternschlafzimmer werden neue Fußleisten angebracht. Welche Länge haben diese Leisten zusammen?

b) Wie lang und wie breit ist das Kinderzimmer I?

c) Kinderzimmer II erhält neuen Teppichboden. Wie viele Quadratmeter werden benötigt?

d) Wie breit können die beiden Nachttische im Schlafzimmer werden, wenn die beiden Betten jeweils 1 m breit sind?

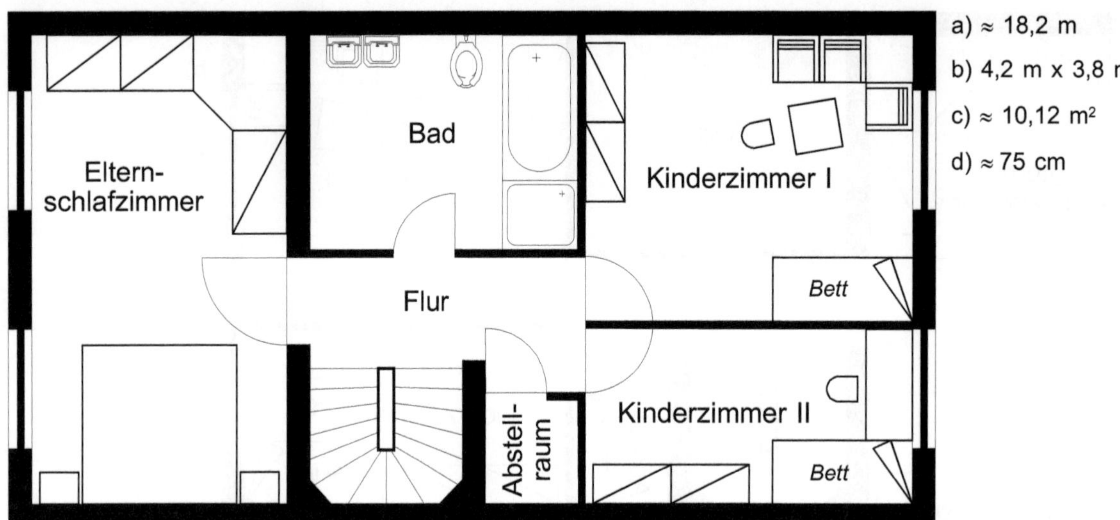

a) ≈ 18,2 m

b) 4,2 m x 3,8 m

c) ≈ 10,12 m^2

d) ≈ 75 cm

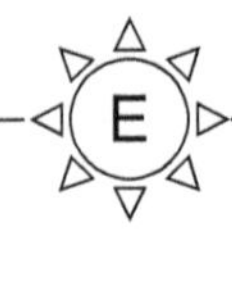

Station

Geometrische Körper

Welcher Körper wird gesucht? Verbinde entsprechend mit Linien und trage in die grauen Kästchen den Namen ein.

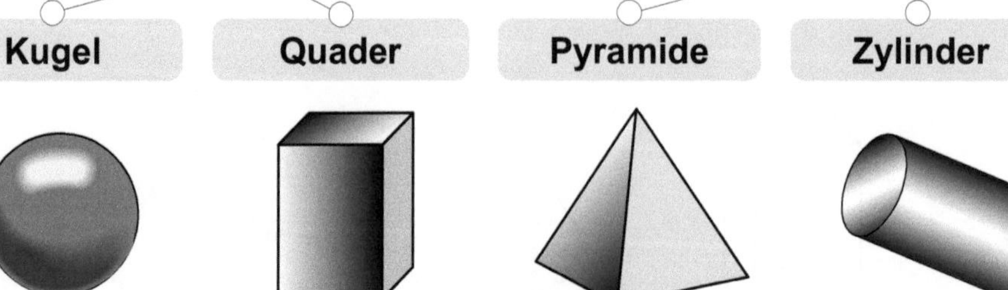

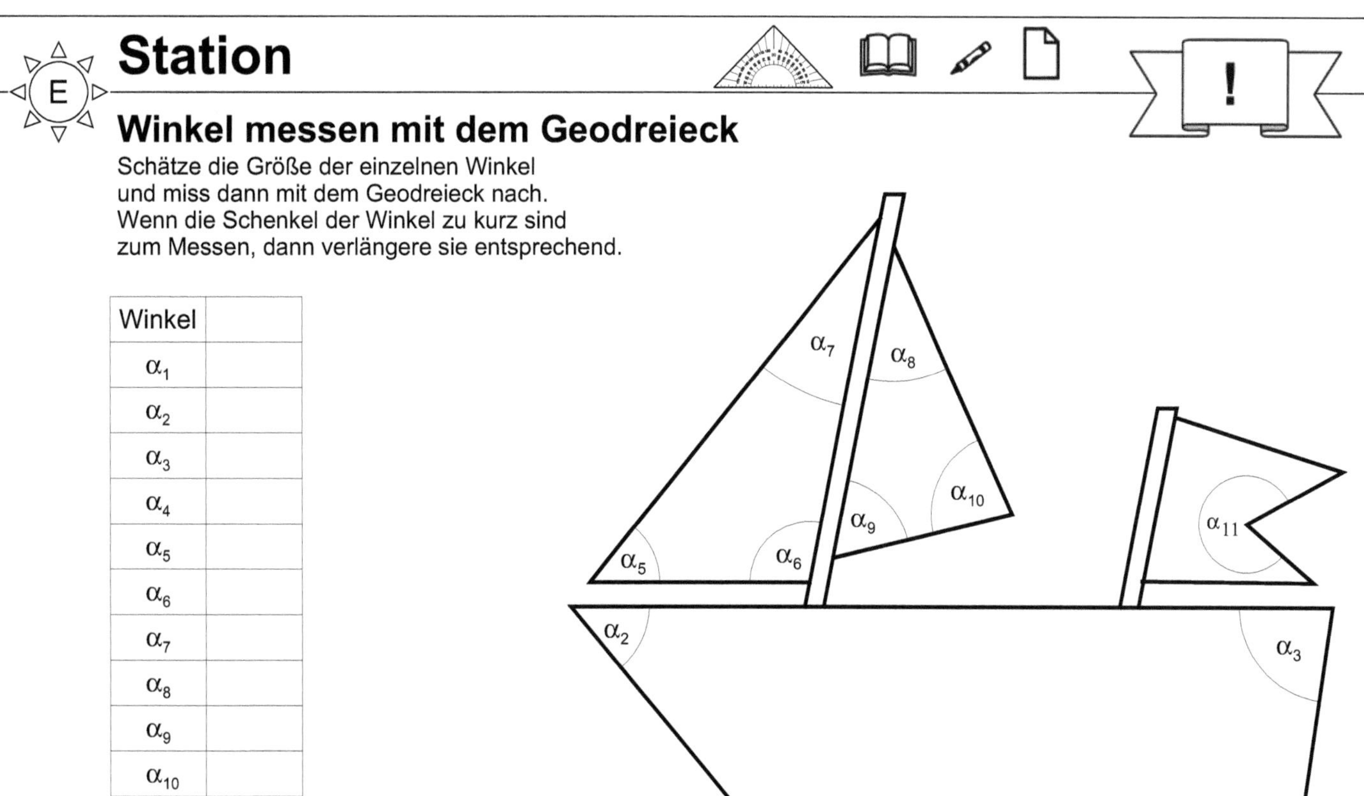

Station E

Winkel messen mit dem Geodreieck

Schätze die Größe der einzelnen Winkel und miss dann mit dem Geodreieck nach. Wenn die Schenkel der Winkel zu kurz sind zum Messen, dann verlängere sie entsprechend.

Winkel	
α_1	
α_2	
α_3	
α_4	
α_5	
α_6	
α_7	
α_8	
α_9	
α_{10}	
α_{11}	

Station E

Punkte im Koordinatensystem

Zeichne folgende Punkte in das Koordinatensystem und verbinde sie der Reihe nach.

(6|12) → (7|12) → (7|10) →
(6|9) → (5|5) → (7|7) →
(6|3) → (8|0) → (7|3) →
(9|4) → (8|5) → (9|7) →
(9|9) → (8|12) → (9|14) →
(7|15) → (6|14) → (4|14) →
(2|13) → (5|13) → (5|12) →
(3|10) → (2|5) → (4|8) →
(4|6) → (5|3) → (4|2) →
(1|1) → (3|0) → (4|1) →
(6|2) → (5|0) → (7|0) → (7|1)

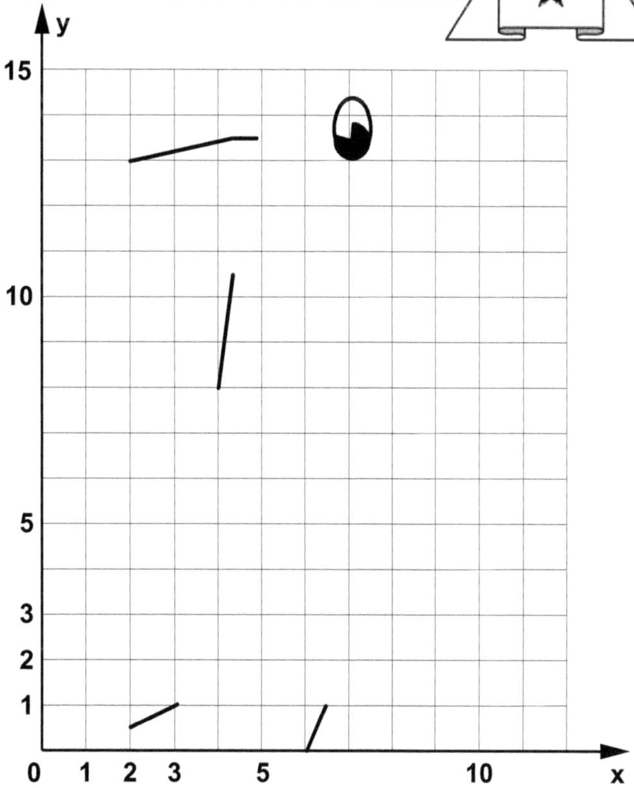

y: 15, 10, 5, 3, 2, 1
x: 0, 1, 2, 3, 5, 10

Station

!

Winkel messen mit dem Geodreieck

Schätze die Größe der einzelnen Winkel
und miss dann mit dem Geodreieck nach.
Wenn die Schenkel der Winkel zu kurz sind
zum Messen, dann verlängere sie entsprechend.

Winkel	
α_1	131°
α_2	49°
α_3	82°
α_4	98°
α_5	50°
α_6	102°
α_7	28°
α_8	36°
α_9	65°
α_{10}	79°
α_{11}	291°

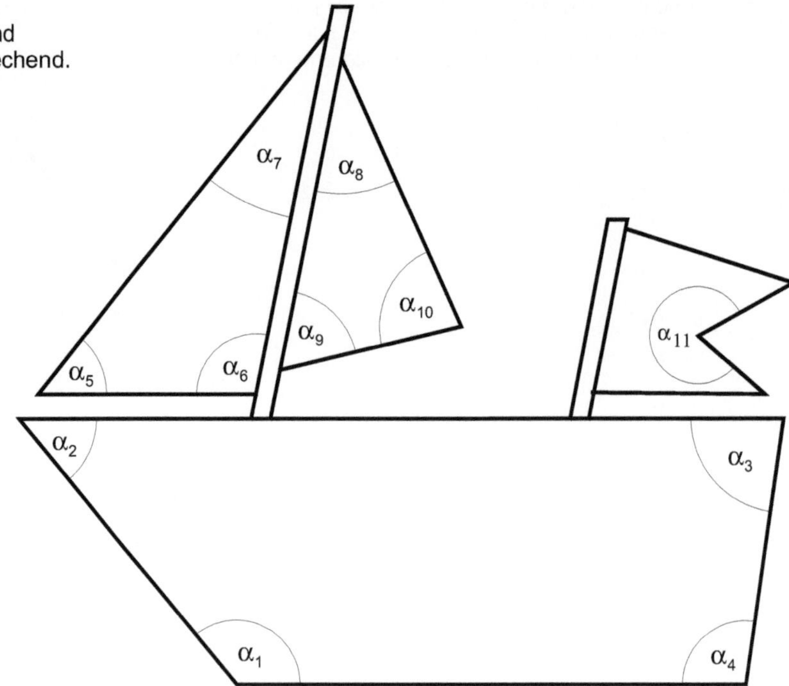

Station

★

Punkte im Koordinatensystem

Zeichne folgende Punkte in das Koordinatensystem
und verbinde sie der Reihe nach.

(6|12) → (7|12) → (7|10) →

(6|9) → (5|5) → (7|7) →

(6|3) → (8|0) → (7|3) →

(9|4) → (8|5) → (9|7) →

(9|9) → (8|12) → (9|14) →

(7|15) → (6|14) → (4|14) →

(2|13) → (5|13) → (5|12) →

(3|10) → (2|5) → (4|8) →

(4|6) → (5|3) → (4|2) →

(1|1) → (3|0) → (4|1) →

(6|2) → (5|0) → (7|0) → (7|1)

E

Station

!

Strecke, Strahl, Gerade?

Wo stecken in diesem Wort Strecken, Strahlen und Geraden? Kennzeichne Strecken rot, Strahlen blau und Geraden grün.

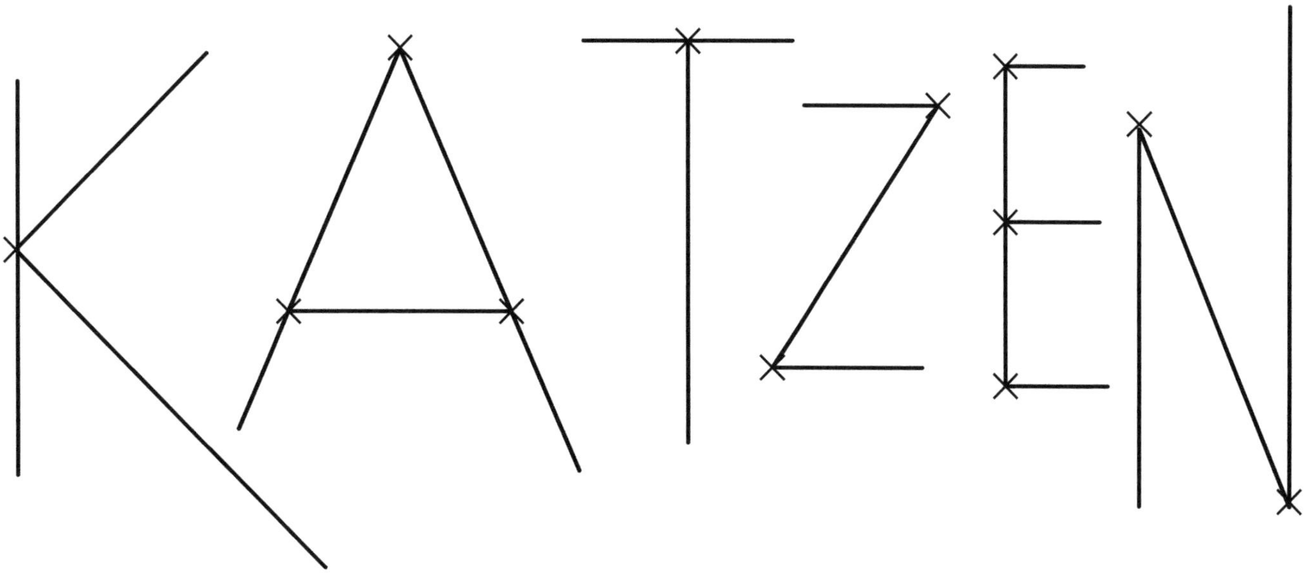

E

Station

★

Flächeninhalte

Welche Figur hat den größten Flächeninhalt? Die Kennbuchstaben der richtigen Lösungen ergeben ein Wort.

A

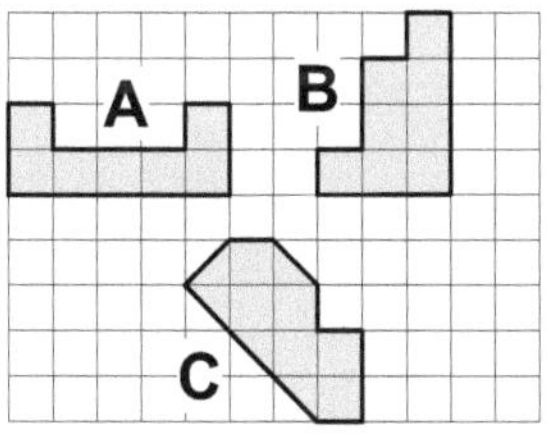

A P
B E
C K

B

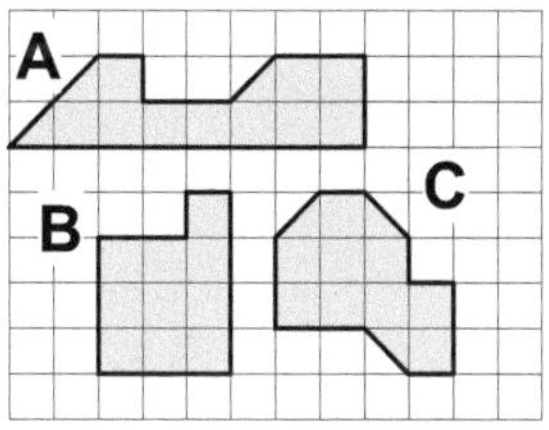

A U
B S
C O

C

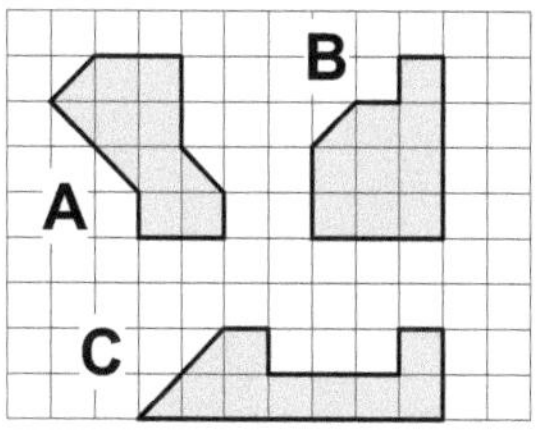

A S
B H
C T

D

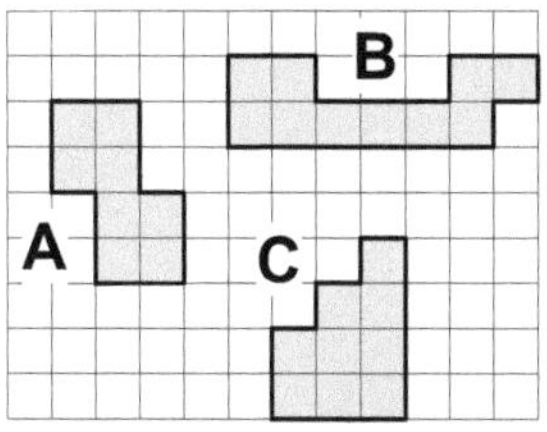

A K
B M
C E

E

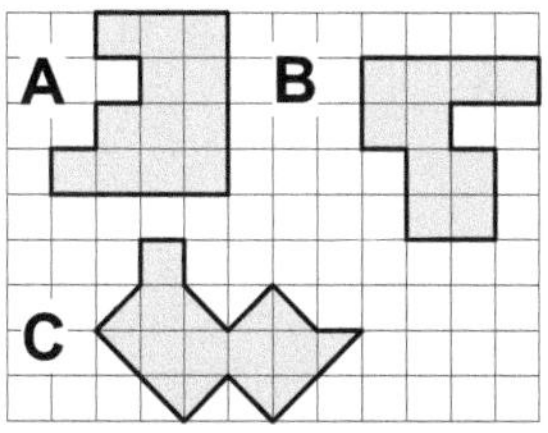

A I
B N
C F

F

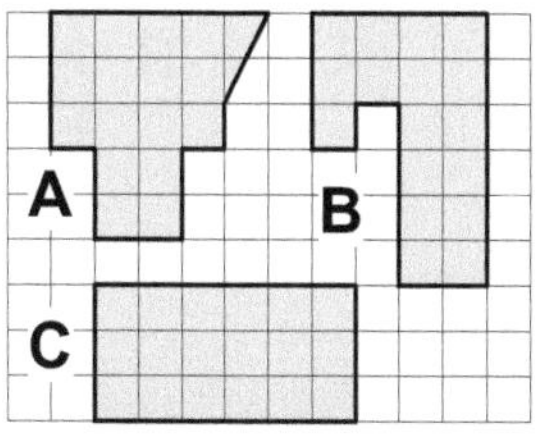

A O
B G
C L

G

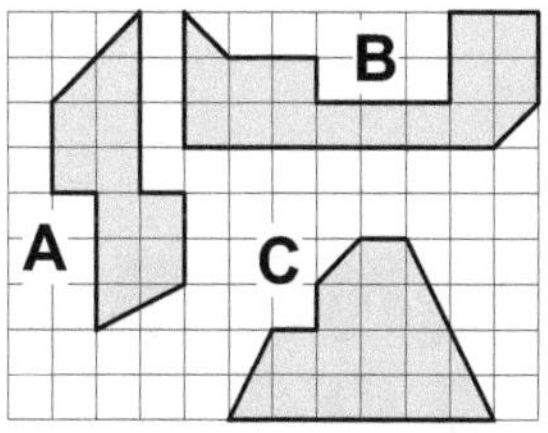

A P
B C
C B

H

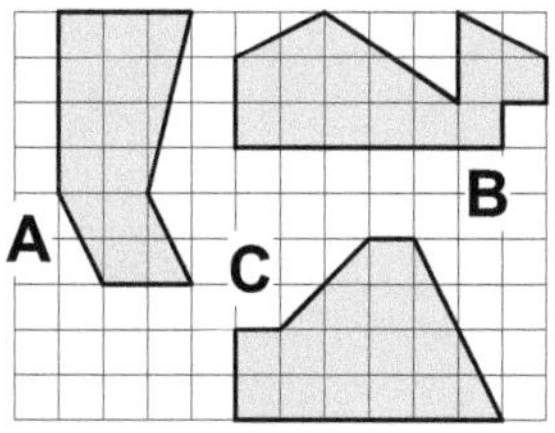

A S
B M
C H

Lösungswort:

A	B	C	D	E	F	G	H

Station E

Strecke, Strahl, Gerade?

Wo stecken in diesem Wort Strecken, Strahlen und Geraden? Kennzeichne Strecken rot, Strahlen blau und Geraden grün.

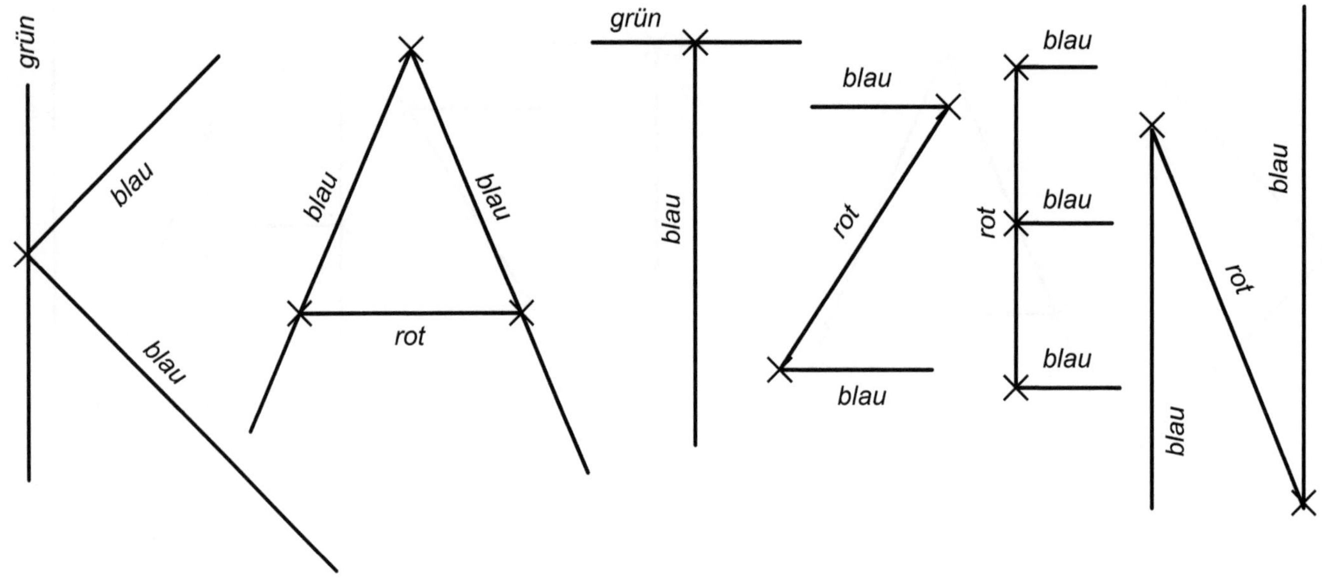

grün
blau
blau
blau
blau
rot
grün
blau
blau
rot
blau
blau
rot
blau
blau
blau
rot
blau

Station E

Flächeninhalte

Welche Figur hat den größten Flächeninhalt? Die Kennbuchstaben der richtigen Lösungen ergeben ein Wort.

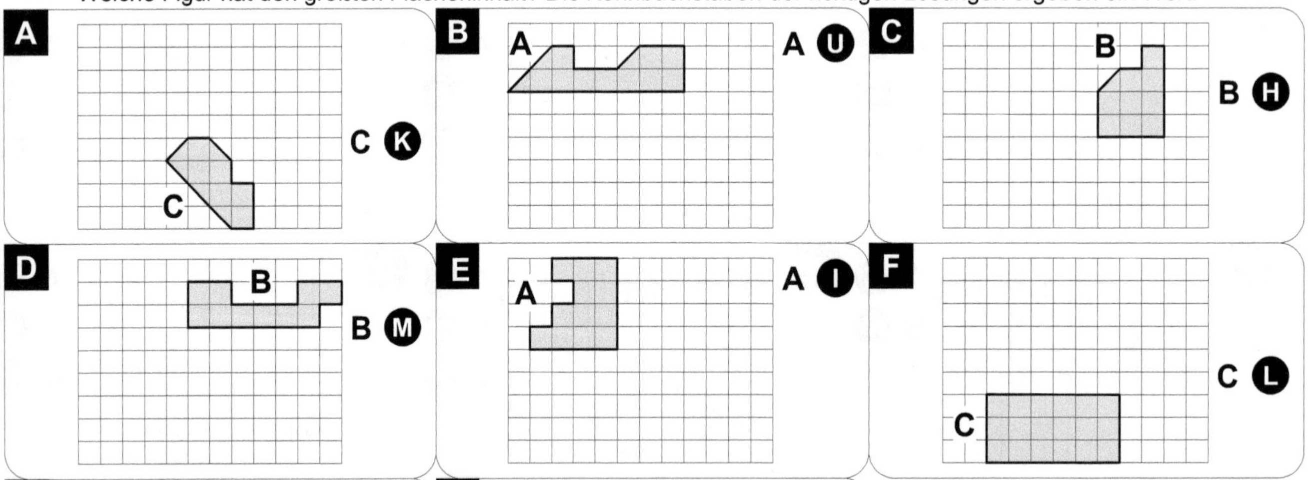

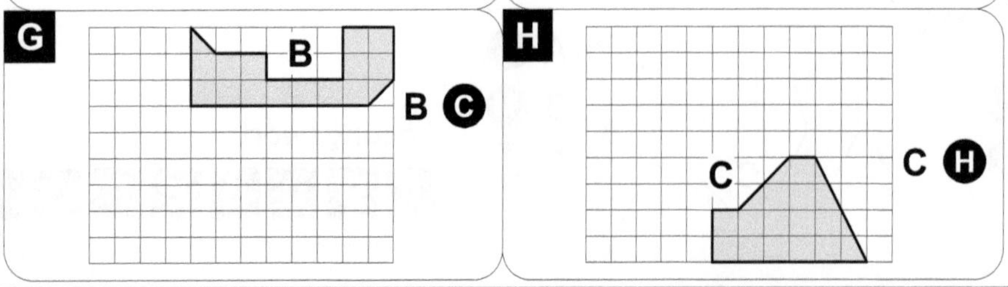

A C K

B A U

C B H

D B M

E A I

F C L

G B C

H C H

Lösungswort:

A	B	C	D	E	F	G	H
K	U	H	M	I	L	C	H

Station

Volumen von Körpern

Jeder einzelne Würfel hat die Kantenlänge 1 cm. Bestimmt das Volumen der Körper.

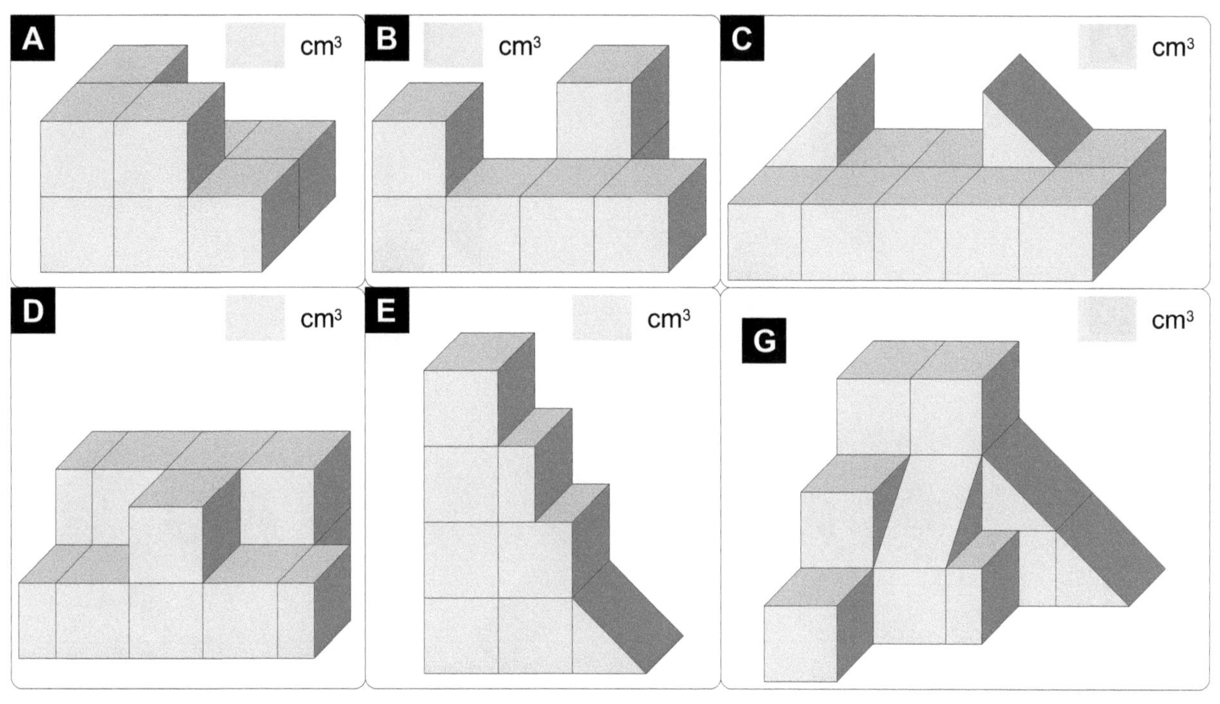

Station

Spiegeln mit dem Geodreieck

Eine Figur zu spiegeln, ohne ein Gitternetz zur Verfügung zu haben, ist nicht ganz einfach.
Versuche es trotzdem mal, das Spiegelbild mit dem Geodreieck zu erstellen.

A

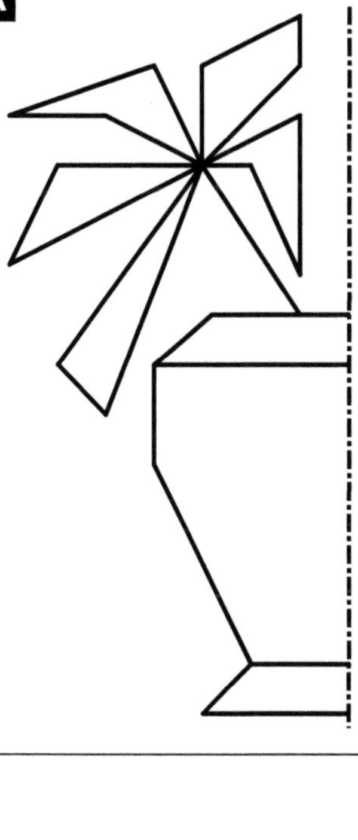

B

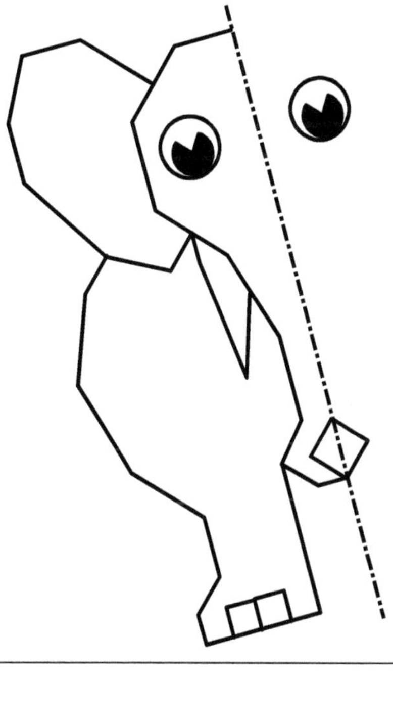

Station

Volumen von Körpern

Jeder einzelne Würfel hat die Kantenlänge 1 cm. Bestimmt das Volumen der Körper.

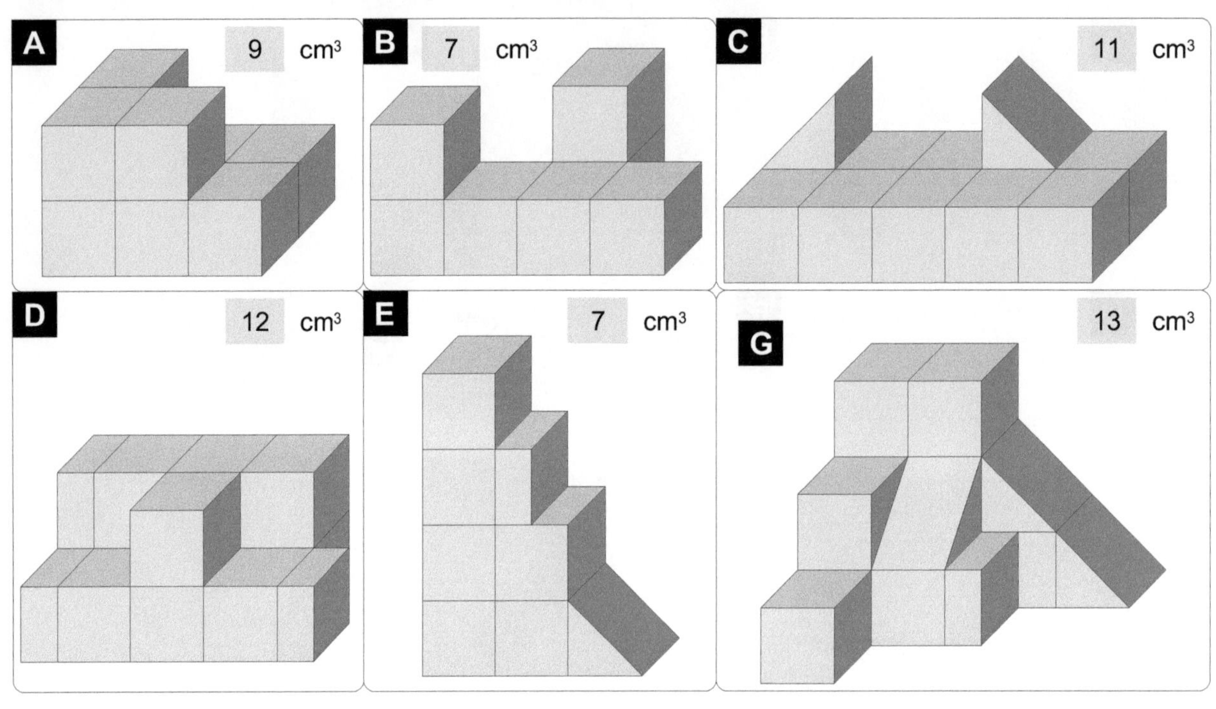

Station

E

Spiegeln mit dem Geodreieck

Eine Figur zu spiegeln, ohne ein Gitternetz zur Verfügung zu haben, ist nicht ganz einfach. Versuche es trotzdem mal, das Spiegelbild mit dem Geodreieck zu erstellen.

A

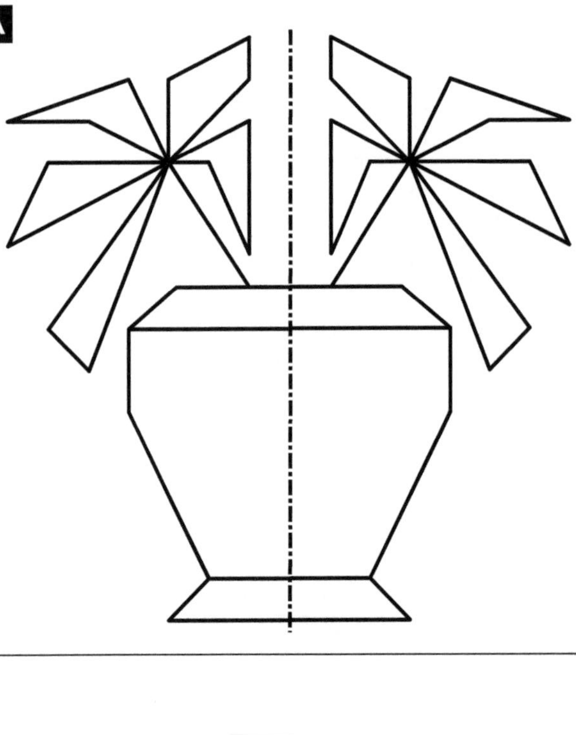

B

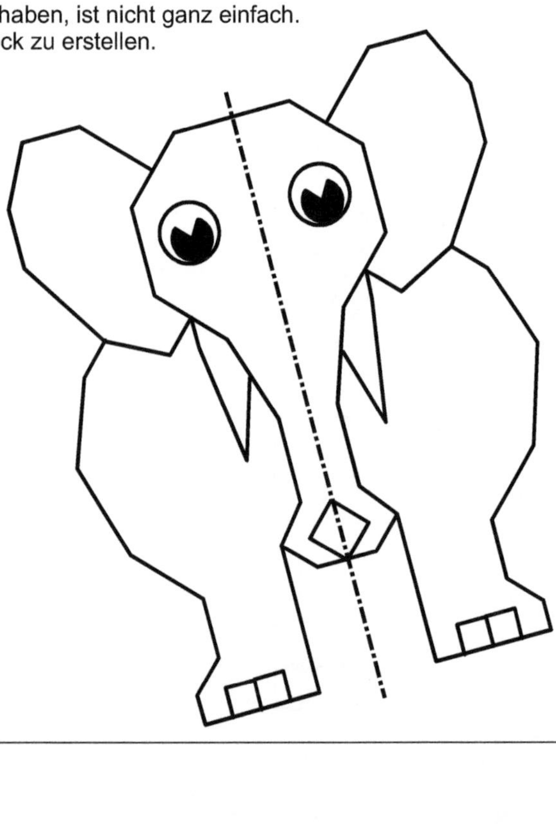

Station

Volumen von Würfel und Quader

Berechne jeweils das Volumen der dargestellten Körper. Aus den Kennbuchstaben der richtigen Antworten ergibt sich ein Lösungswort.

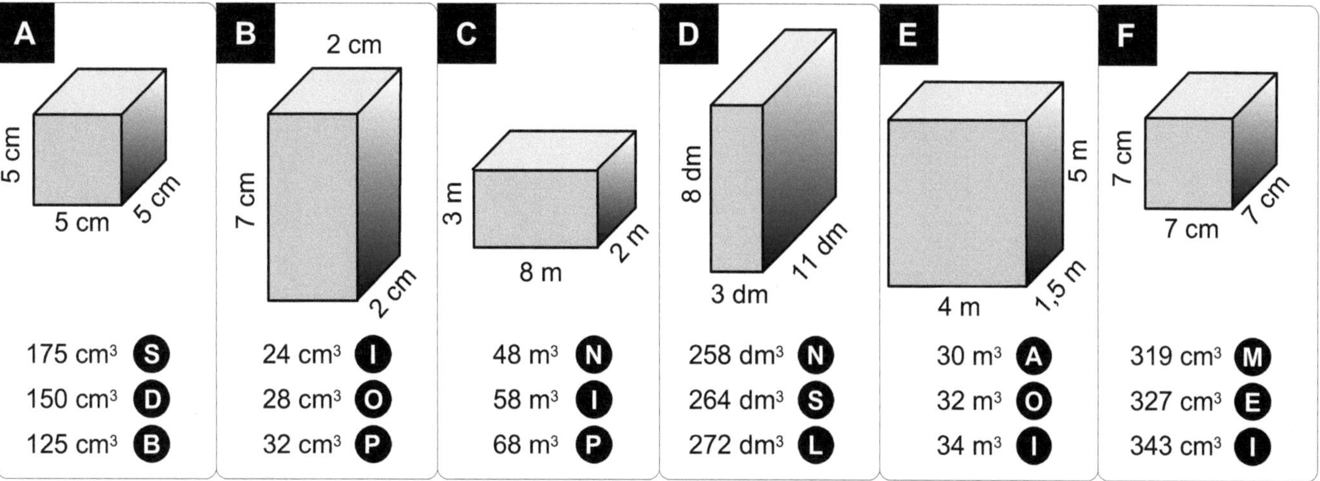

A	B	C	D	E	F

Lösungswort:

Station

Oberfläche von Würfel und Quader

Berechne jeweils die fehlende Seitenkante der dargestellten Körper. Aus den Kennbuchstaben der richtigen Antworten ergibt sich ein Lösungswort.

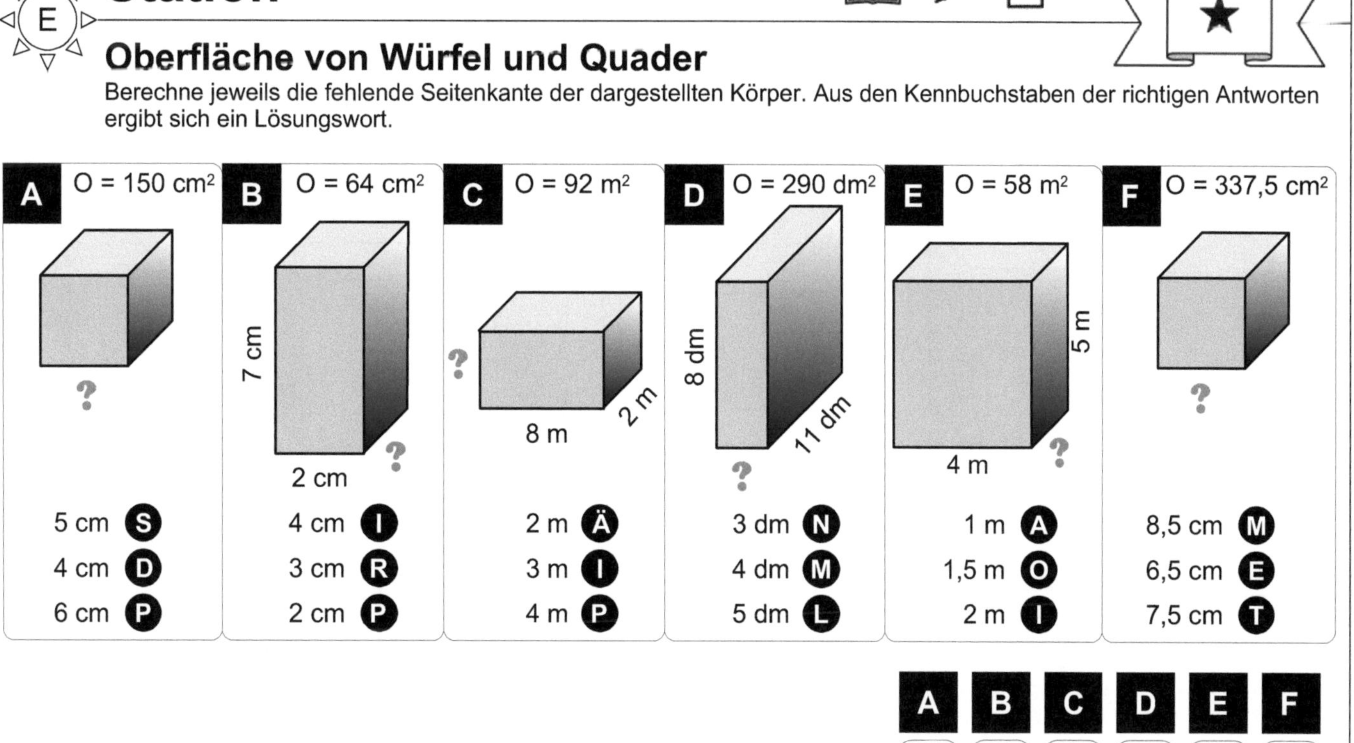

Station E

Volumen von Würfel und Quader

Berechne jeweils das Volumen der dargestellten Körper. Aus den Kennbuchstaben der richtigen Antworten ergibt sich ein Lösungswort.

A – Würfel: 5 cm, 5 cm, 5 cm — 125 cm^3 (B)

B – Quader: 2 cm, 7 cm, 2 cm — 28 cm^3 (O)

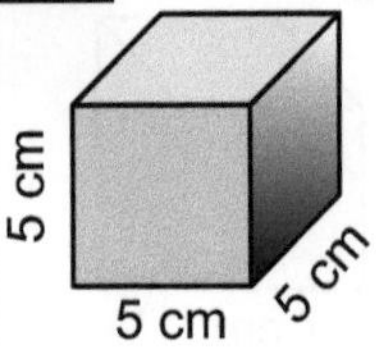

C – Quader: 3 m, 8 m, 2 m — 48 m^3 (N)

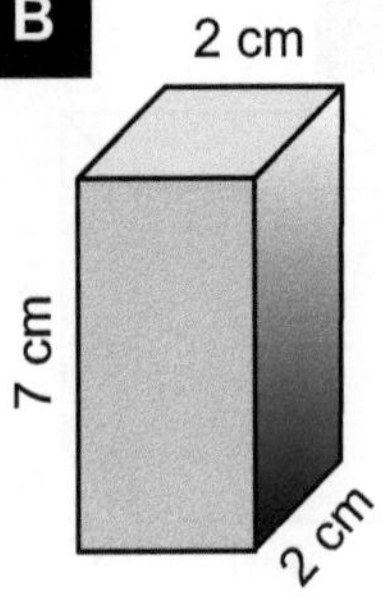

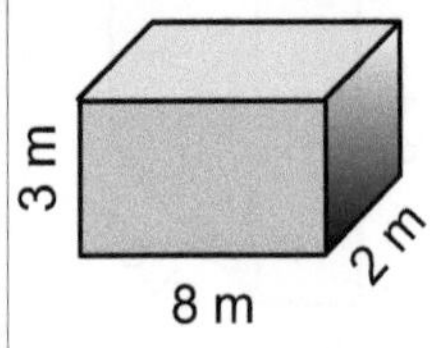

D – Quader: 8 dm, 3 dm, 11 dm — 264 dm^3 (S)

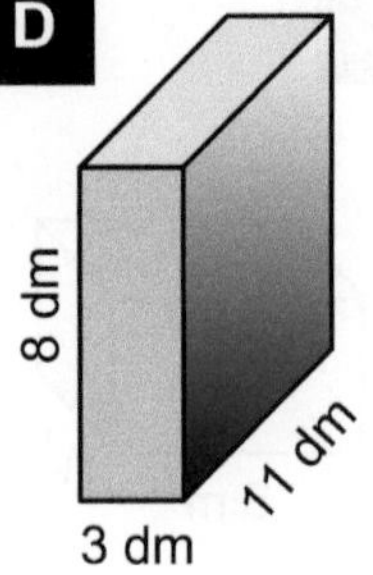

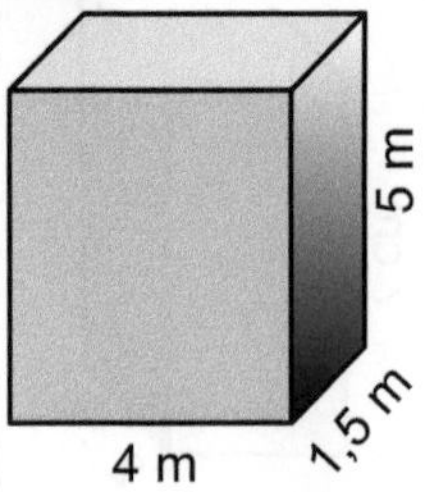

E – Quader: 5 m, 4 m, 1,5 m — 30 m^3 (A)

F – Würfel: 7 cm, 7 cm, 7 cm — 343 cm^3 (I)

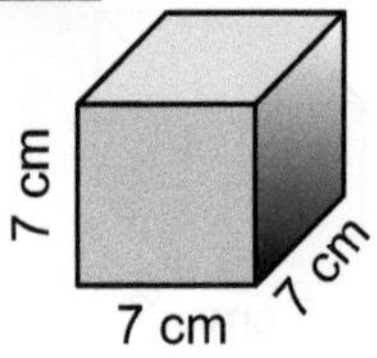

	A	B	C	D	E	F
Lösungswort:	B	O	N	S	A	I

Station E

Oberfläche von Würfel und Quader

Berechne jeweils die fehlende Seitenkante der dargestellten Körper. Aus den Kennbuchstaben der richtigen Antworten ergibt sich ein Lösungswort.

A – O = 150 cm^2 – Würfel: ? — 5 cm (S)

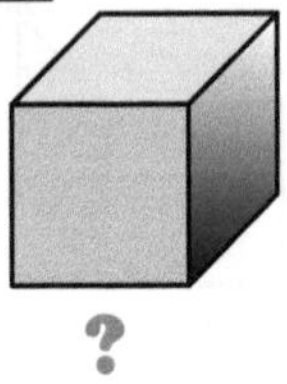

B – O = 64 cm^2 – Quader: 7 cm, 2 cm, ? — 2 cm (P)

C – O = 92 m^2 – Quader: ?, 8 m, 2 m — 3 m (I)

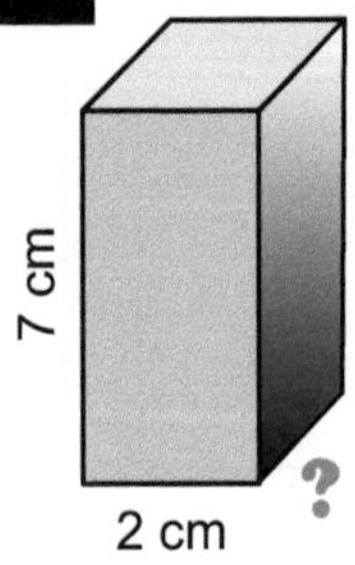

D – O = 290 dm^2 – Quader: 8 dm, 11 dm, ? — 3 dm (N)

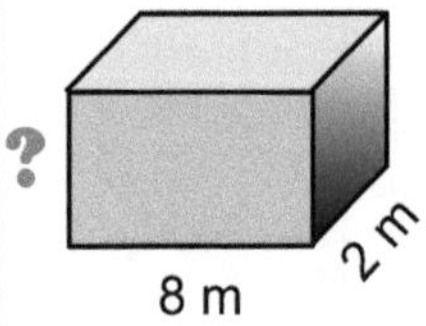

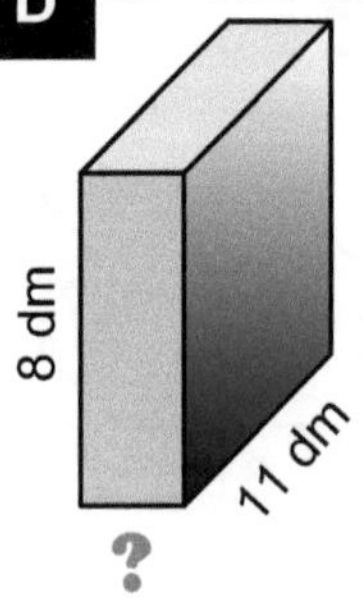

E – O = 58 m^2 – Quader: 5 m, 4 m, ? — 1 m (A)

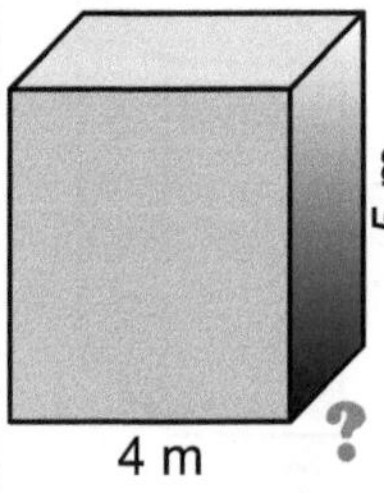

F – O = 337,5 cm^2 – Würfel: ? — 7,5 cm (T)

	A	B	C	D	E	F
Lösungswort:	S	P	I	N	A	T

Station E

Kreise und Kreisteile

Zeichne die Figuren mit doppelt so vielen Karolängen nach.

A

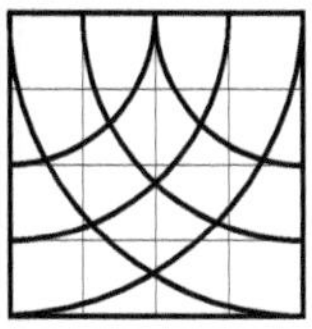

B

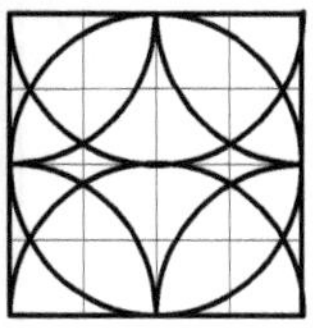

C

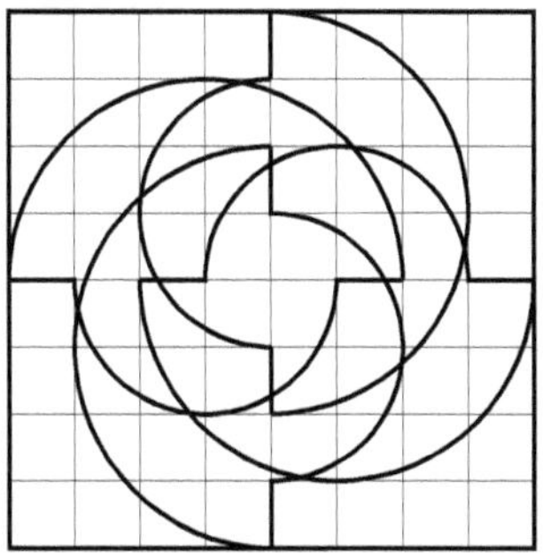

Station E

Geometrische Körper im Alltag

Kreuze den Körper an, den du in den Abbildungen entdecken kannst. Aus den Kennbuchstaben der richtigen Antworten ergibt sich ein Lösungswort.

A 
(M) Kugel
(N) Würfel

B 
(O) Kegel
(A) Pyramide

C 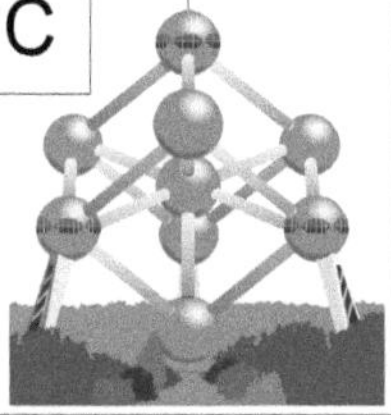
(S) Kugel
(N) Kegel

D 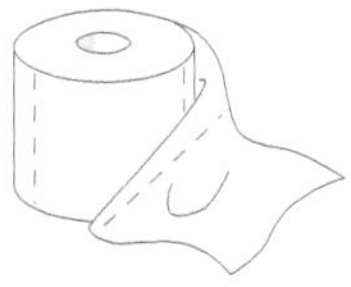
(C) Zylinder
(T) Kegel

E 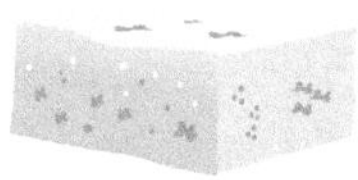
(E) Würfel
(H) Quader

F 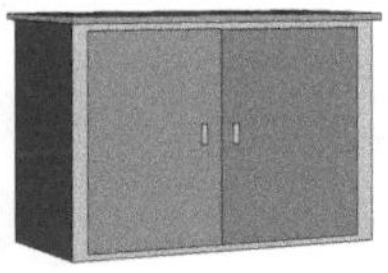
(K) Quader
(V) Würfel

G 
(A) Kegel
(I) Prisma

H 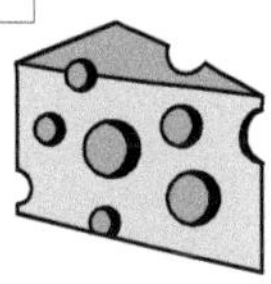
(T) Prisma
(D) Kegel

I 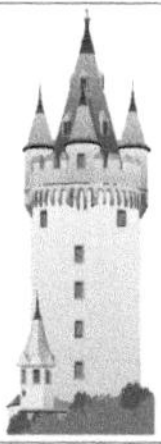
(Z) Kegel
(E) Kugel

J 
(O) Kegel
(E) Zylinder

Lösungswort:

A	
B	
C	
D	
E	
F	
G	
H	
I	
J	

E

Station

Kreise und Kreisteile

Zeichne die Figuren mit doppelt so vielen Karolängen nach.

A

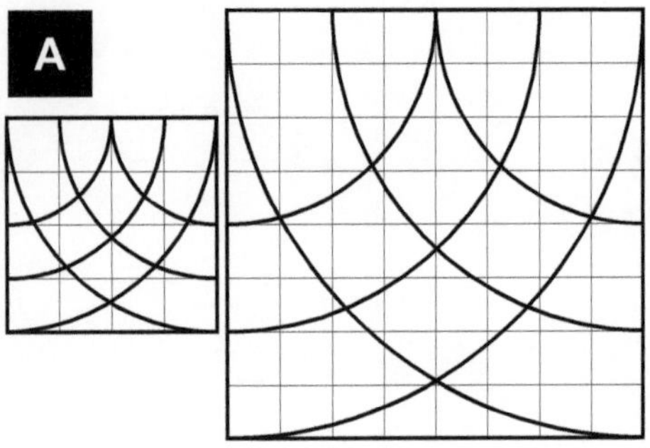

B

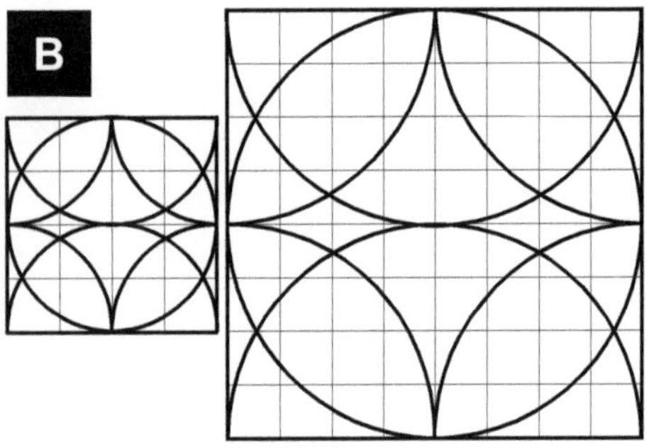

C

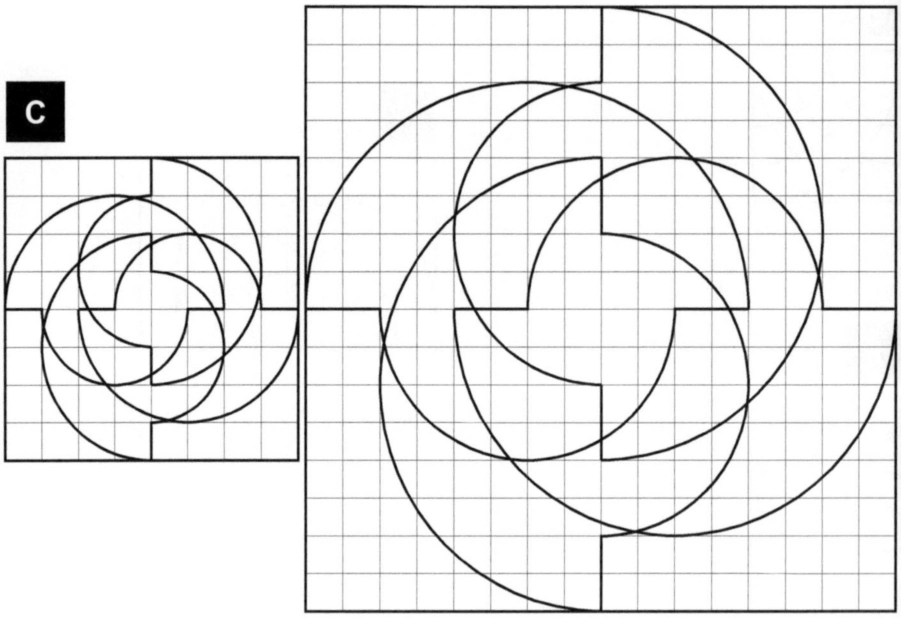

E

Station

Geometrische Körper im Alltag

Kreuze den Körper an, den du in den Abbildungen entdecken kannst. Aus den Kennbuchstaben der richtigen Antworten ergibt sich ein Lösungswort.

A 
N Würfel

B 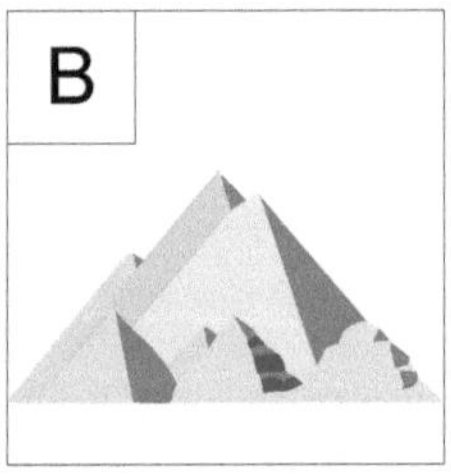
A Pyramide

C 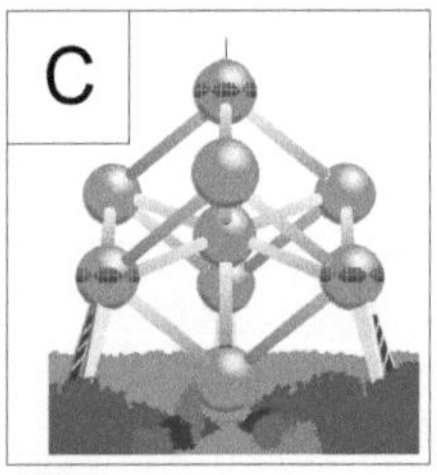
S Kugel

D 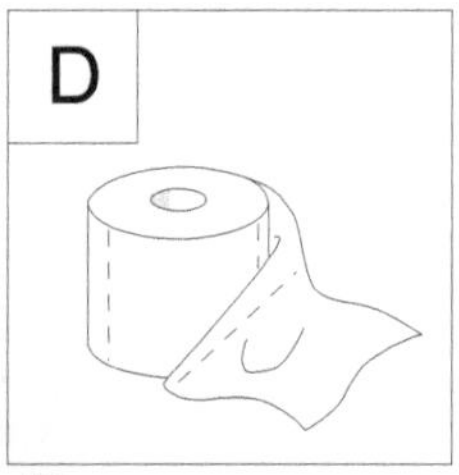
C Zylinder

E 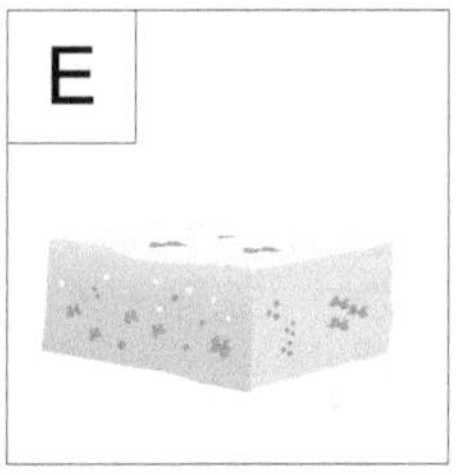
H Quader

F 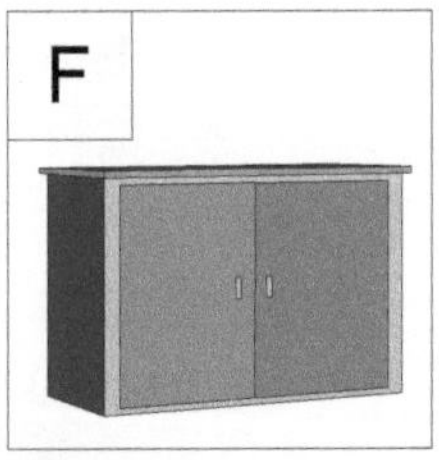
K Quader

G 
A Kegel

H 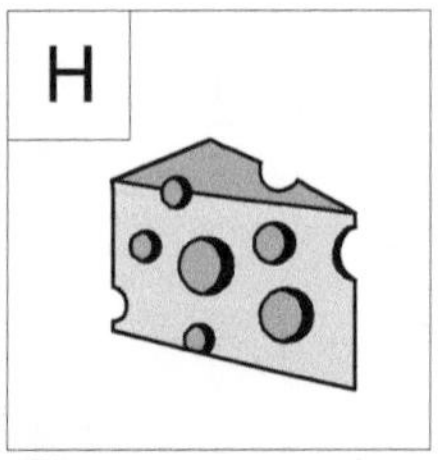
T Prisma

I 
Z Kegel

J 
E Zylinder

Lösungswort:

A	N
B	A
C	S
D	C
E	H
F	K
G	A
H	T
I	Z
J	E

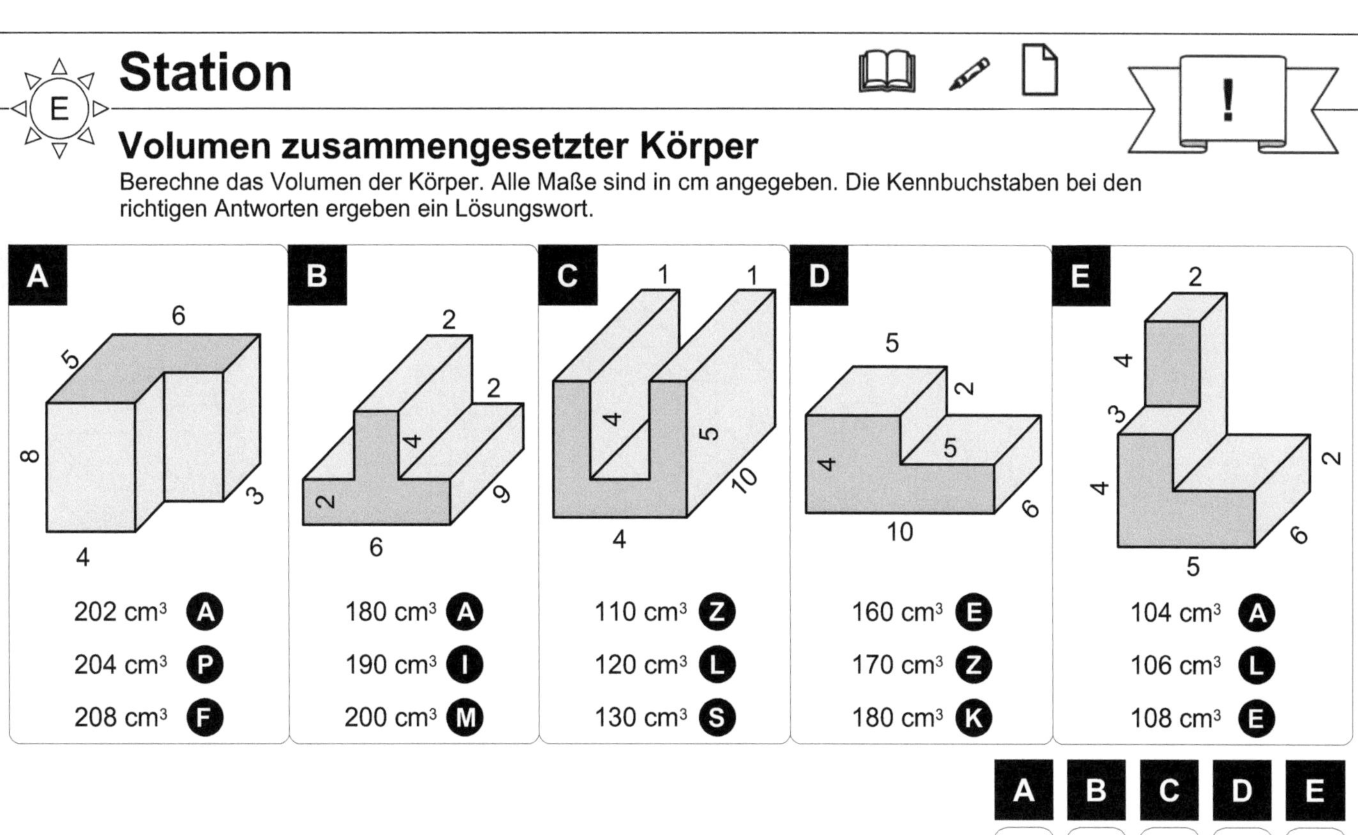

	A	B	C	D	E
Lösungswort:					

E

Station

★

Umfang Quadrat und Rechteck

Zeichne die angefangenen Rechtecke und Quadrate fertig. Markiere alle rechten Winkel und ermittle die Umfänge.

A u ≈ ______ mm

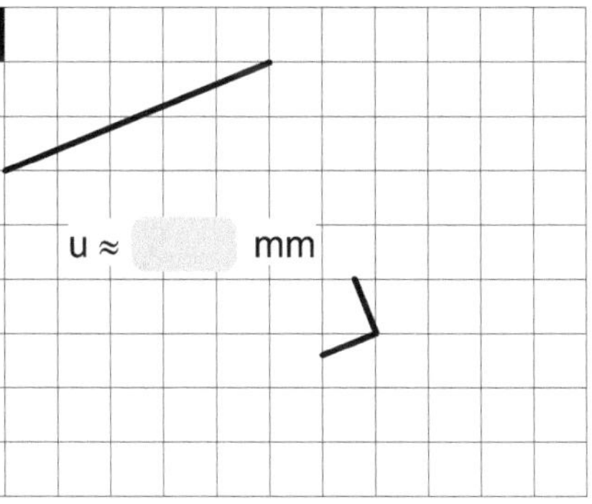

B u ≈ ______ mm

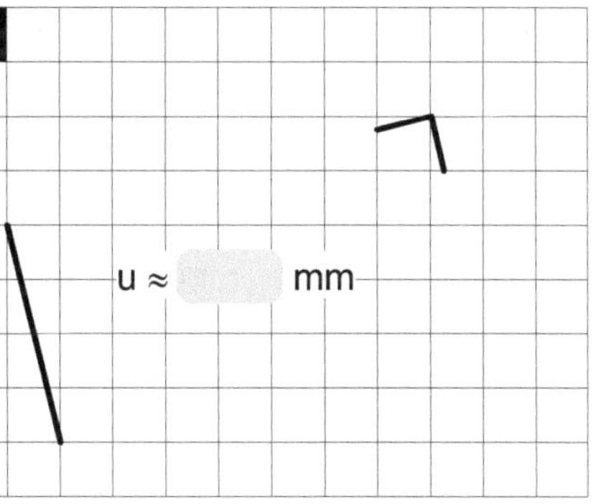

C u ≈ ______ mm

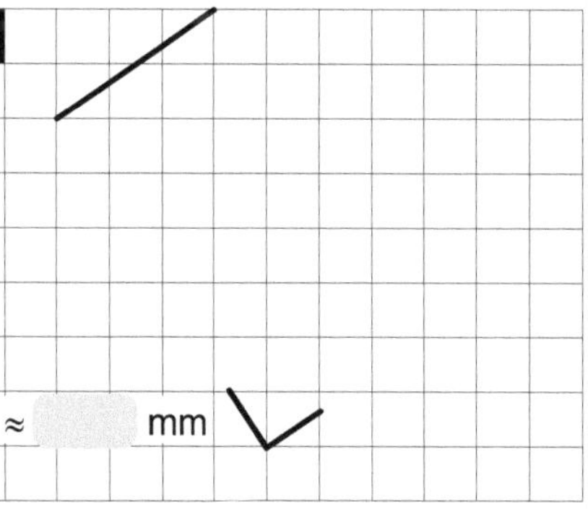

D u ≈ ______ mm

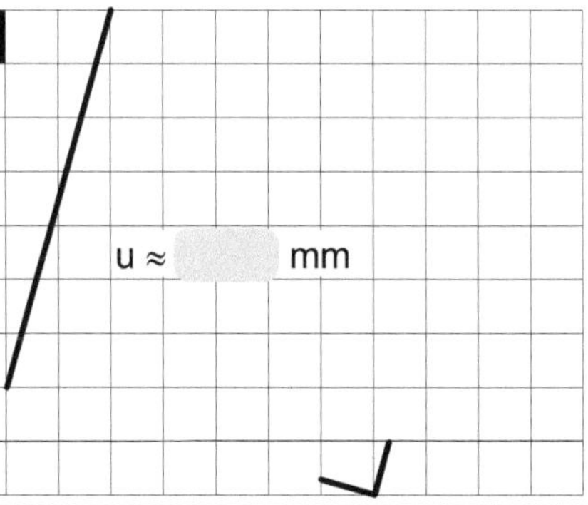

E u ≈ ______ mm

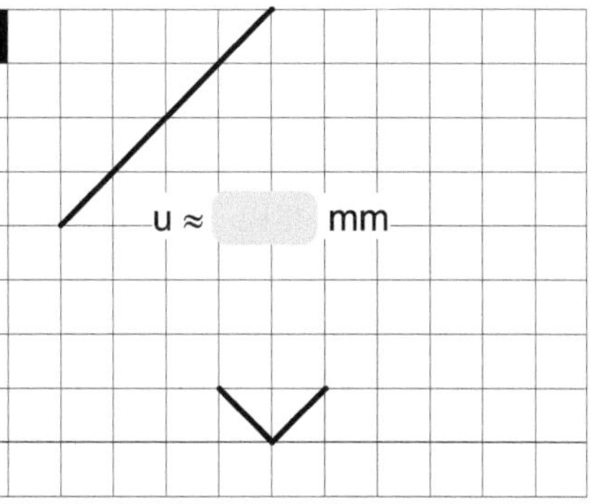

F u ≈ ______ mm

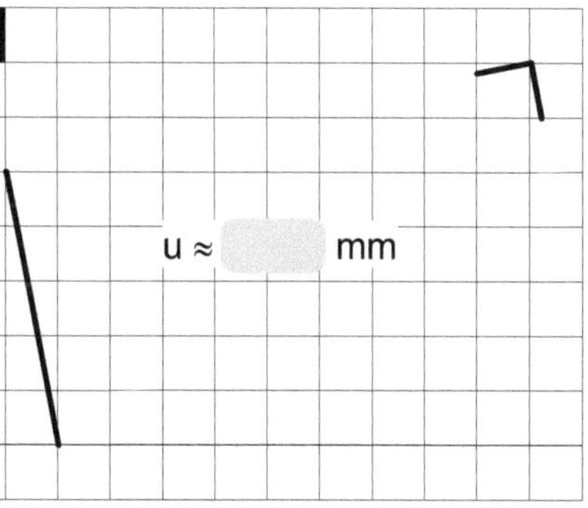

Station E

Volumen zusammengesetzter Körper

Berechne das Volumen der Körper. Alle Maße sind in cm angegeben. Die Kennbuchstaben bei den richtigen Antworten ergeben ein Lösungswort.

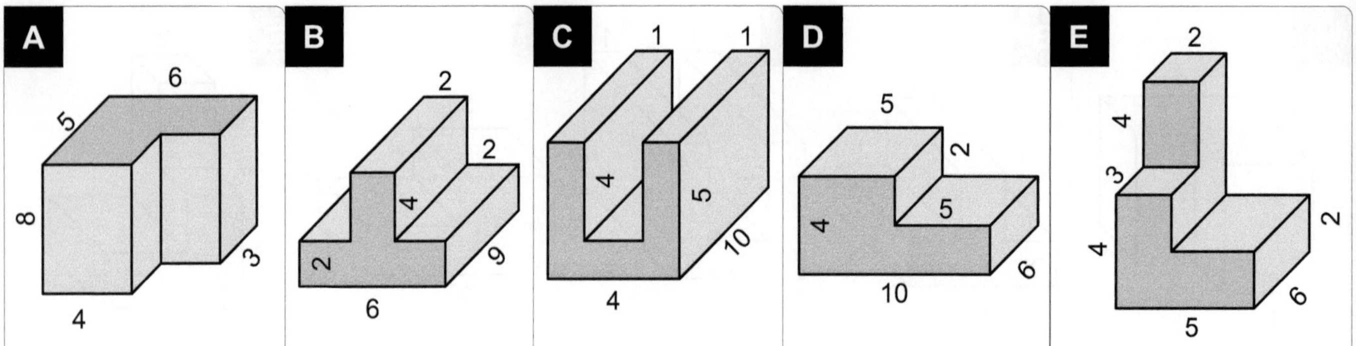

A
6
5
8
3
4
B
2
2
4
2
9
6
C
1
1
4
5
10
4
D
5
2
5
4
10
6
E
2
4
3
4
2
6
5

A: 208 cm³ F

B: 180 cm³ A

C: 120 cm³ L

D: 180 cm³ K

E: 108 cm³ E

A	B	C	D	E
F	A	L	K	E

Lösungswort: F A L K E

Station E

Umfang Quadrat und Rechteck

Zeichne die angefangenen Rechtecke und Quadrate fertig. Markiere alle rechten Winkel und ermittle die Umfänge.

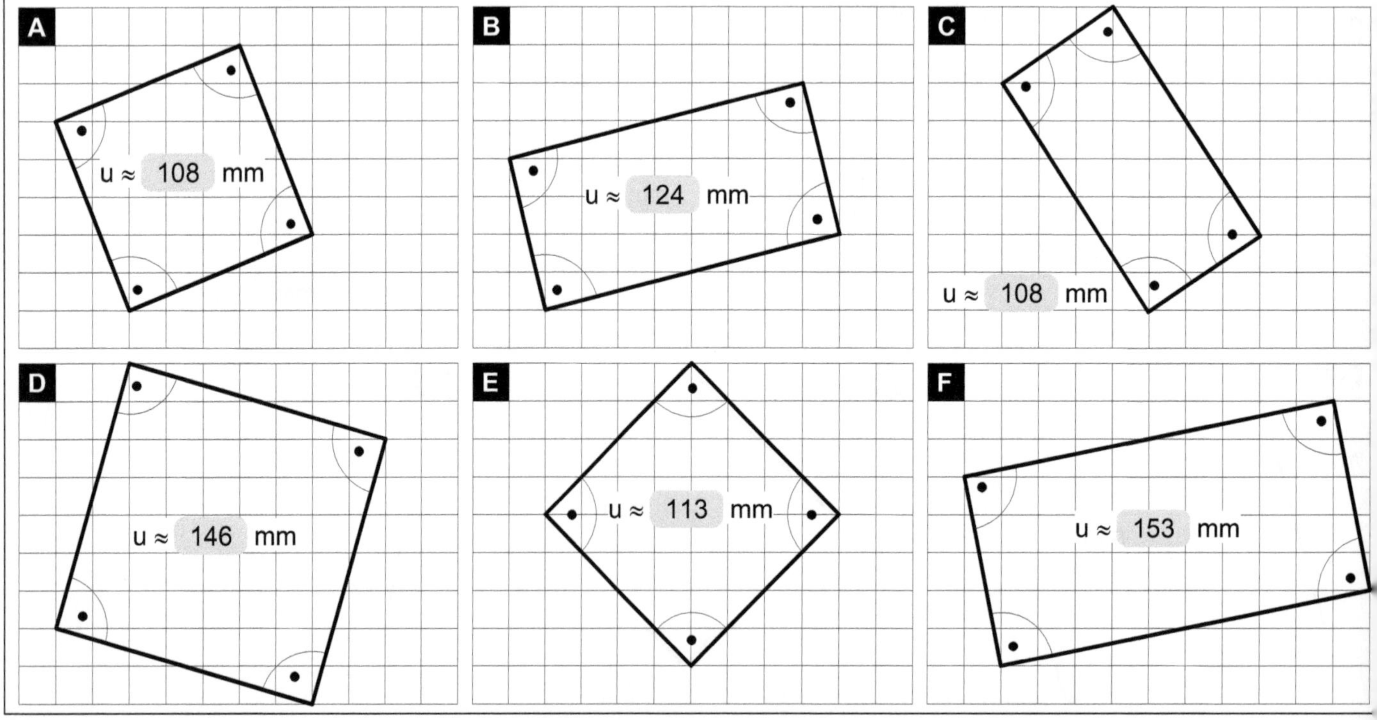

A
u ≈ 108 mm
B
u ≈ 124 mm
C
u ≈ 108 mm
D
u ≈ 146 mm
E
u ≈ 113 mm
F
u ≈ 153 mm

E

Station

Volumen von Würfeln

Jeder einzelne kleine Würfel hat ein Volumen von 1 cm³. Wie viele Würfel musst du noch hinzufügen, um das angegebene Volumen für einen kompletten Würfel zu erreichen? Die Kennbuchstaben der richtigen Antworten ergeben ein Lösungswort.

A $V = 27\ cm^3$

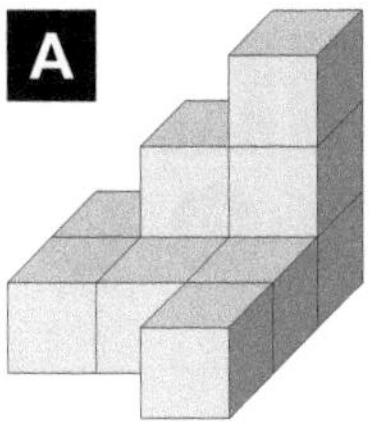

L 16 cm³
D 17 cm³
P 18 cm³

B $V = 64\ cm^3$

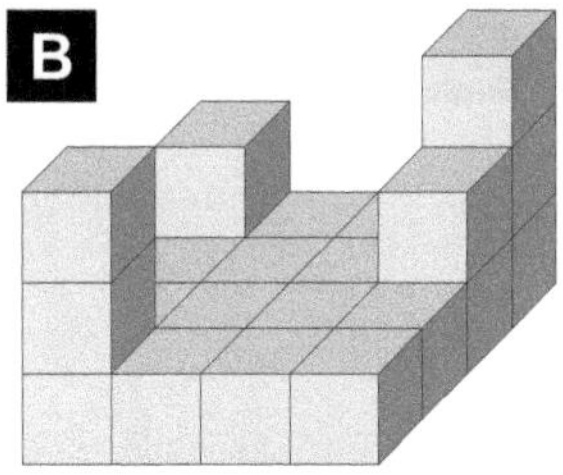

O 42 cm³
E 43 cm³
U 44 cm³

C $V = 125\ cm^3$

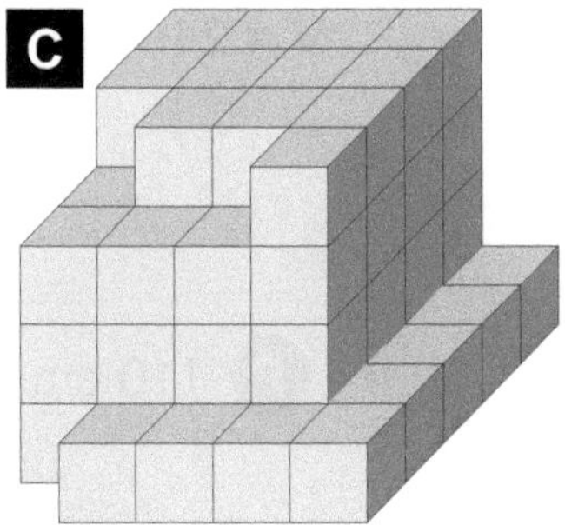

A 55 cm³
M 56 cm³
R 57 cm³

D $V = 216\ cm^3$

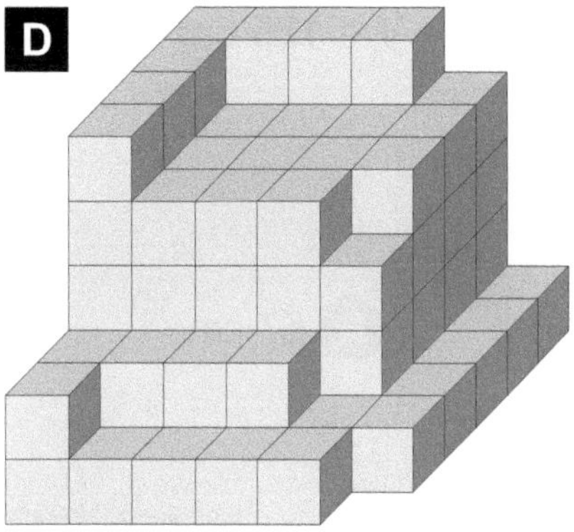

K 108 cm³
P 109 cm³
F 110 cm³

Lösungswort:

A	B	C	D

P

Station

Winkel rechnerisch ermitteln

Bestimmt die Größe des jeweiligen Winkels. Die Buchstaben der richtigen Antworten ergeben ein Lösungswort.

A α, 50°
120° G 130° S 140° W

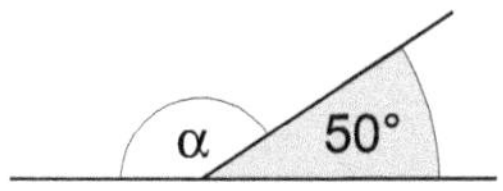

B 62°, α
118° P 122° O 128° L

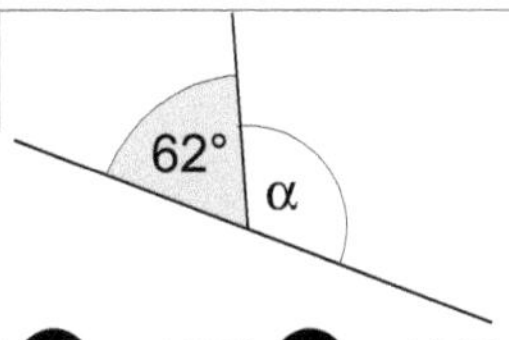

C 48°, α
42° H 132° Ö 48° A

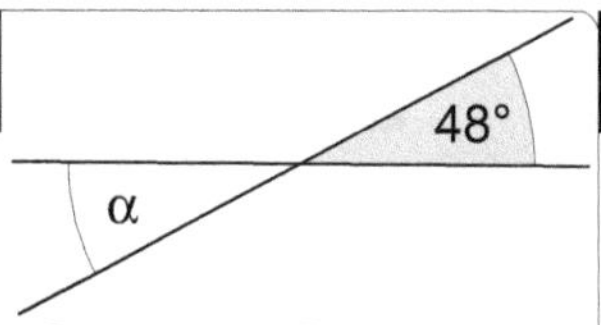

D 107°, α
243° C 253° G 263° L

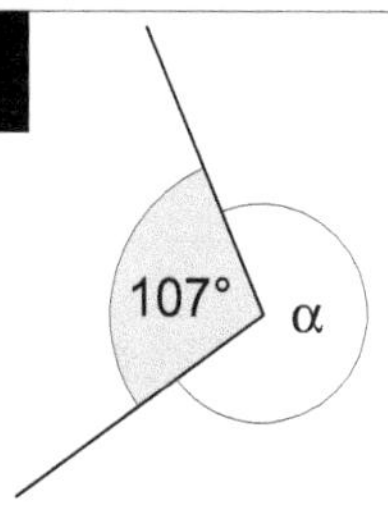

E α, 121°
59° H 69° T 49° K

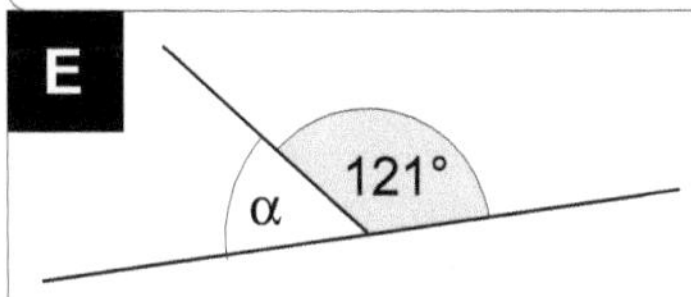

F g || h, α, 37°, g, h
123° Ä 133° C 143° E

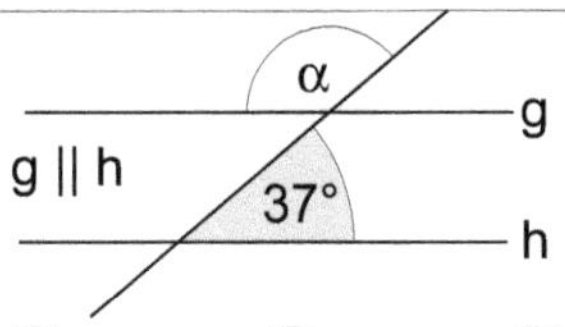

G α, 72°, 25°
37° H 47° T 57° K

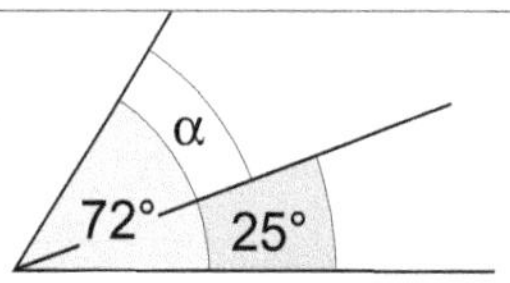

H α, 22°
48° E 58° F 68° T

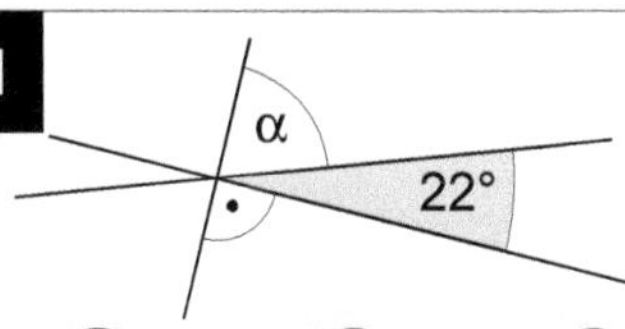

I α, 49°, 103°
26° R 27° N 28° I

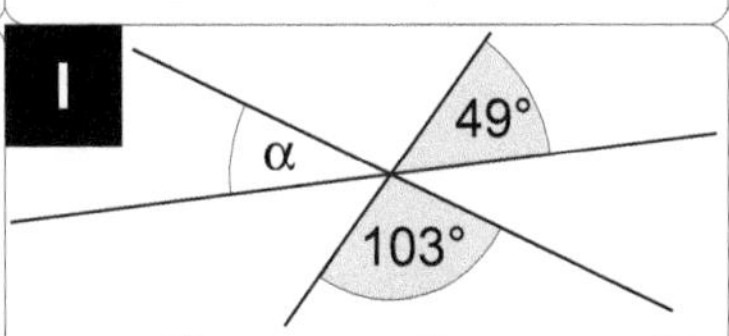

Lösungswort:

A	B	C	D	E	F	G	H	I

Station E

Volumen von Würfeln

Jeder einzelne kleine Würfel hat ein Volumen von 1 cm³. Wie viele Würfel musst du noch hinzufügen, um das angegebene Volumen für einen kompletten Würfel zu erreichen? Die Kennbuchstaben der richtigen Antworten ergeben ein Lösungswort.

A $V = 27\ cm^3$ — D 17 cm³

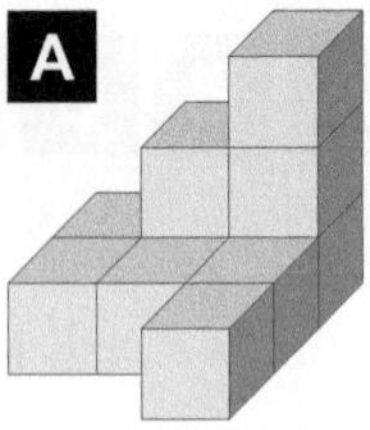

B $V = 64\ cm^3$ — O 42 cm³

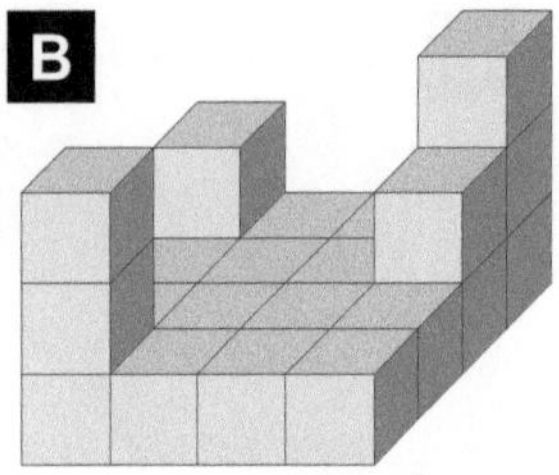

C $V = 125\ cm^3$ — R 57 cm³

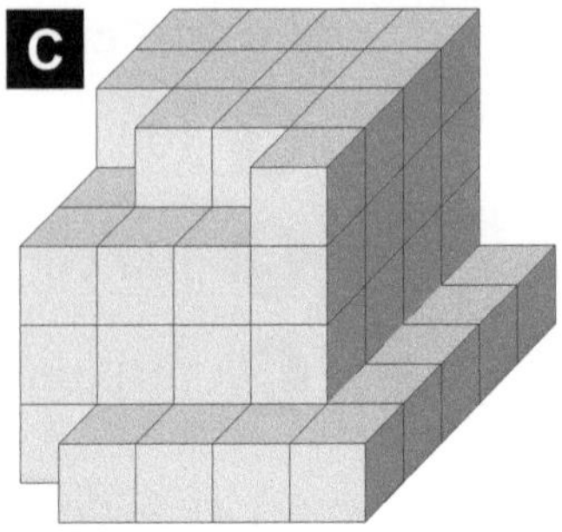

D $V = 216\ cm^3$ — F 110 cm³

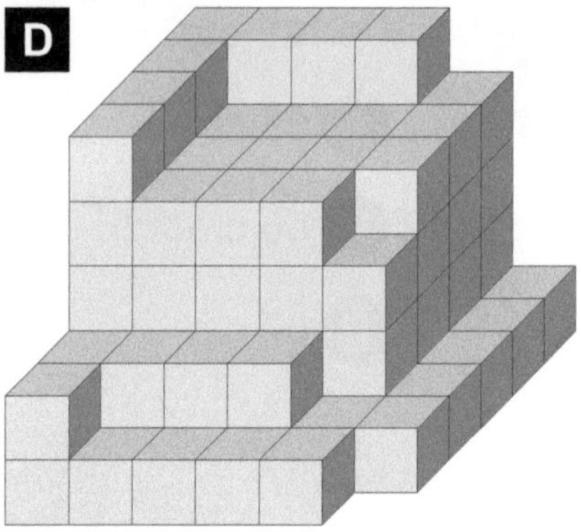

Lösungswort:

A	B	C	D
D	O	R	F

Station P

Winkel rechnerisch ermitteln

Bestimmt die Größe des jeweiligen Winkels. Die Buchstaben der richtigen Antworten ergeben ein Lösungswort.

A α, 50° — 130° S

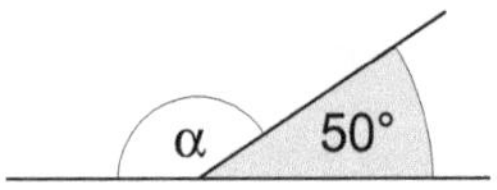

B 62°, α — 118° P

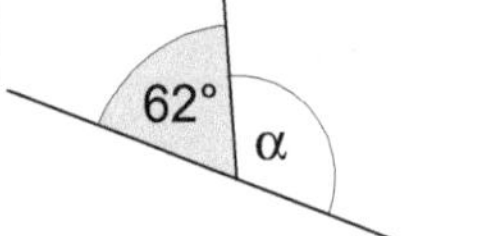

C 48°, α — 48° A

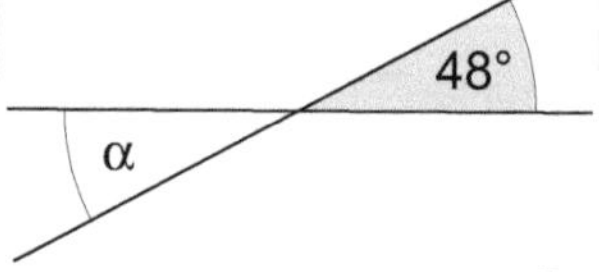

D 107°, α — 253° G

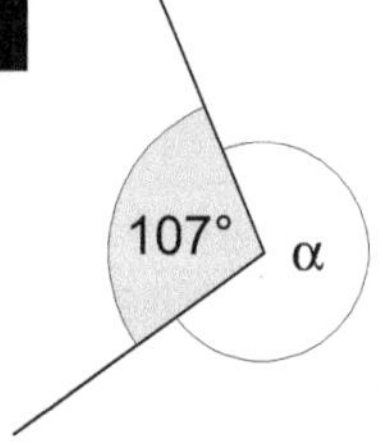

E α, 121° — 59° H

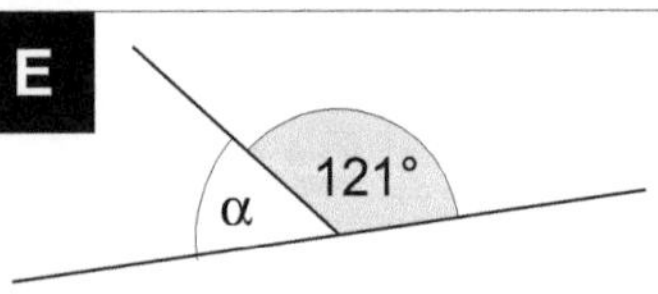

F g || h; α, 37°, g, h — 143° E

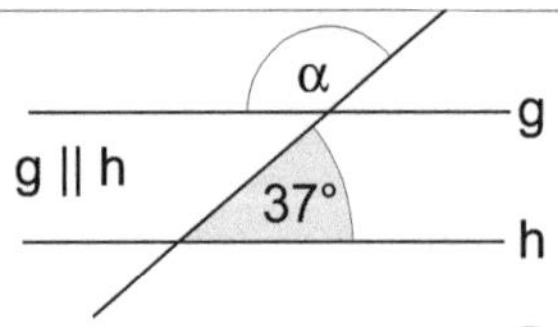

G α, 72°, 25° — 47° T

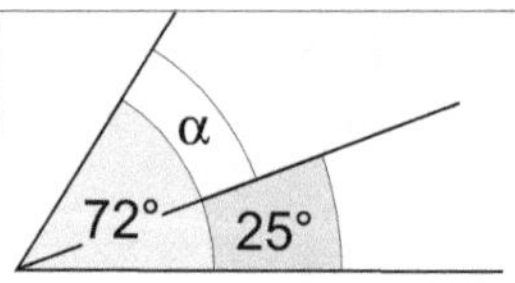

H α, 22° — 68° T

I α, 49°, 103° — 28° I

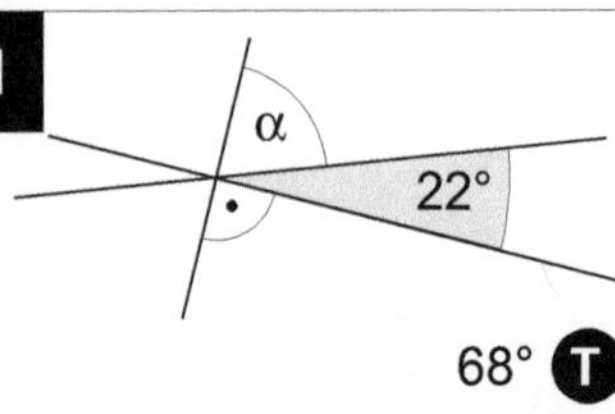

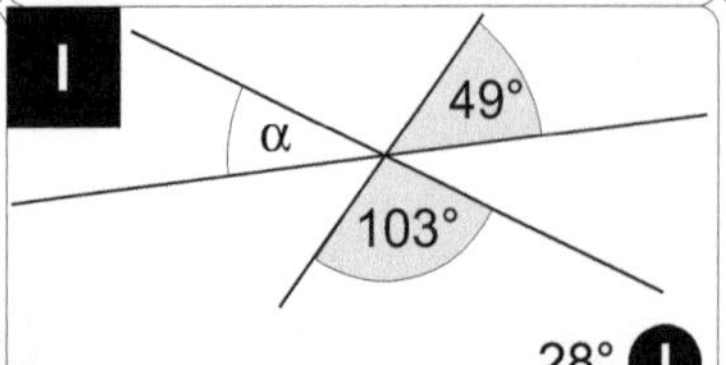

A	B	C	D	E	F	G	H	I
S	P	A	G	H	E	T	T	I

Lösungswort: S P A G H E T T I

Station E

Berechnen des Umfangs

Gib den Umfang der einzelnen Figuren an. Die Kennbuchstaben der richtigen Antworten liefern dir das Lösungswort.

A 3,8 m; 3 m; 5,5 m; 1,5 m

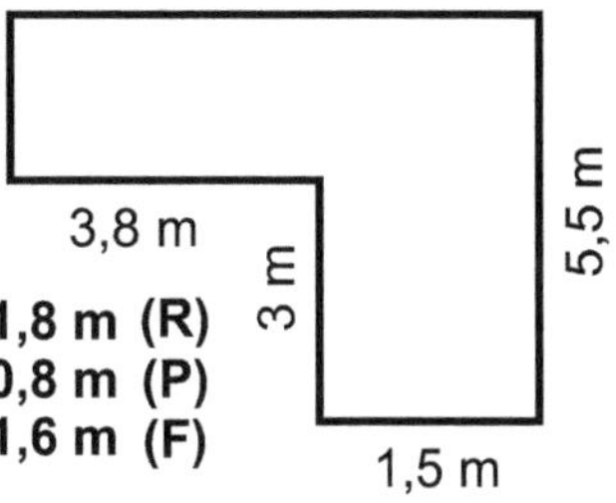

21,8 m (R)
20,8 m (P)
21,6 m (F)

B 22 mm; 68 mm; 24 mm; 32 mm; 28 mm

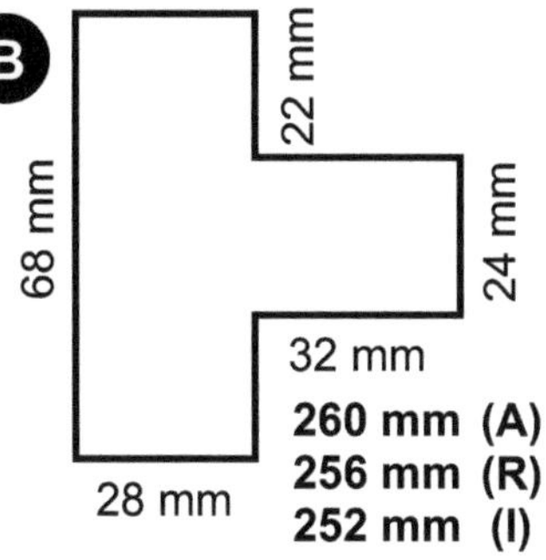

260 mm (A)
256 mm (R)
252 mm (I)

C 1,2 cm; 3,5 cm; 4,5 cm; 2,2 cm; 3,6 cm; 6,4 cm

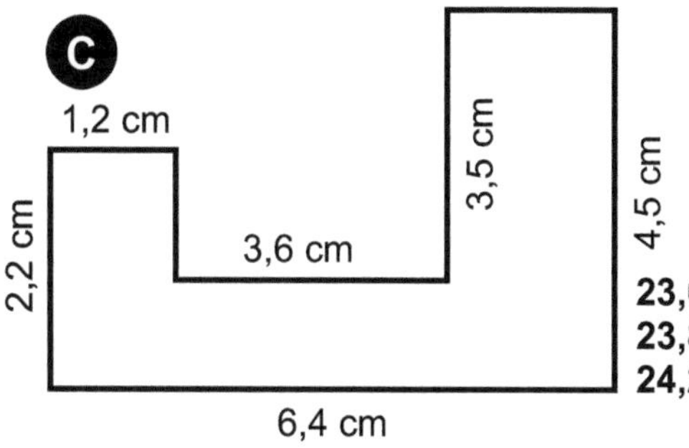

23,6 cm (V)
23,8 cm (R)
24,2 cm (E)

D 2,4 m; 2,4 m; 2,6 m; 2,2 m; 2,6 m; 7,8 m; 2,6 m; 2,6 m

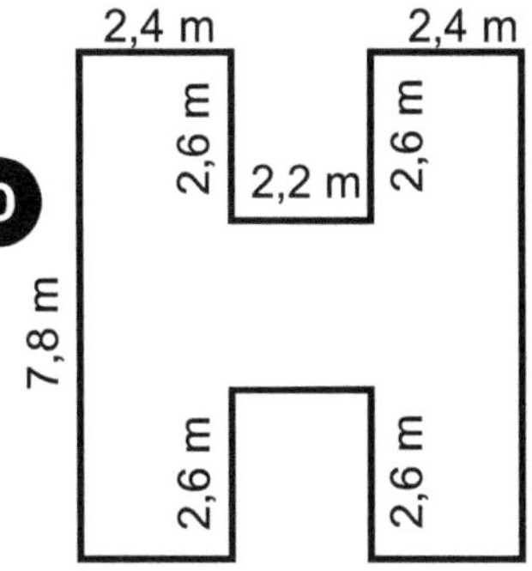

40 m (U)
39 m (I)
38 m (L)

E 9 m; 40 m; 6 m; 8 m; 16 m; 9 m; 28 m

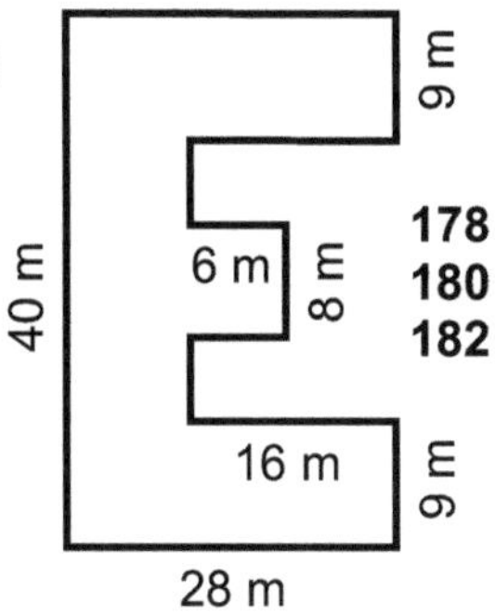

178 m (L)
180 m (N)
182 m (E)

F 3,6 cm; 7,6 cm; 1,8 cm; 5,8 cm; 2,2 cm; 2,2 cm; 3 cm; 3,4 cm

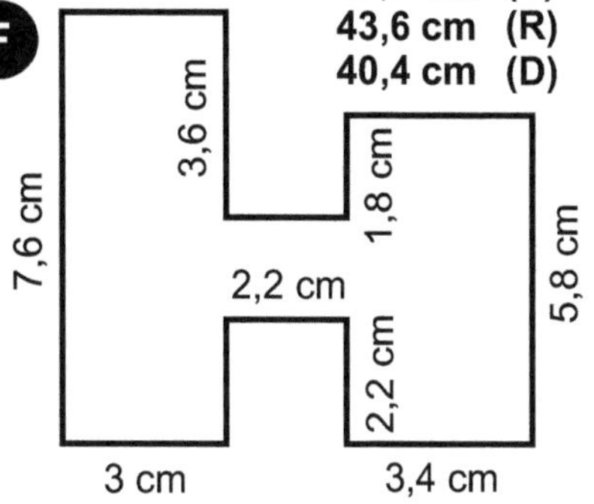

39,7 cm (S)
43,6 cm (R)
40,4 cm (D)

Lösungswort: A ☐ B ☐ C ☐ D ☐ E ☐ F ☐

Station E

Körpernetze

Welches Netz gehört zu welchem Körper? Die auf den Verbindungslinien Körper-Netz befindlichen Buchstaben ergeben ein Lösungswort.

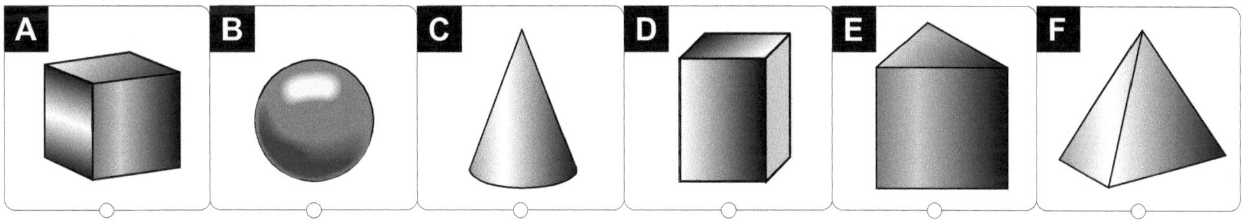

A B C D E F

E T H P A F R L K S D O C G H N M I N

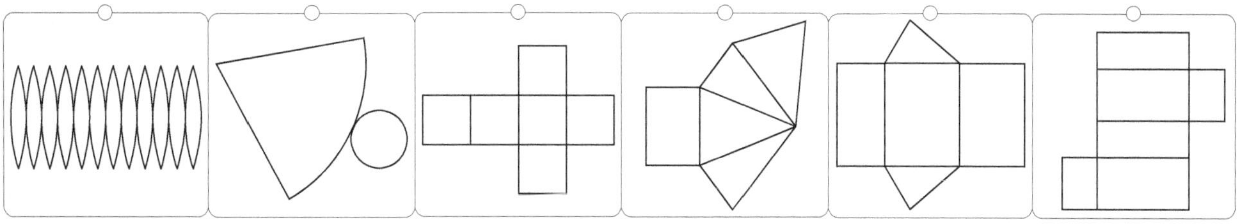

Lösungswort: A ☐ B ☐ C ☐ D ☐ E ☐ F ☐

Station E

Berechnen des Umfangs

Gib den Umfang der einzelnen Figuren an. Die Kennbuchstaben der richtigen Antworten liefern dir das Lösungswort.

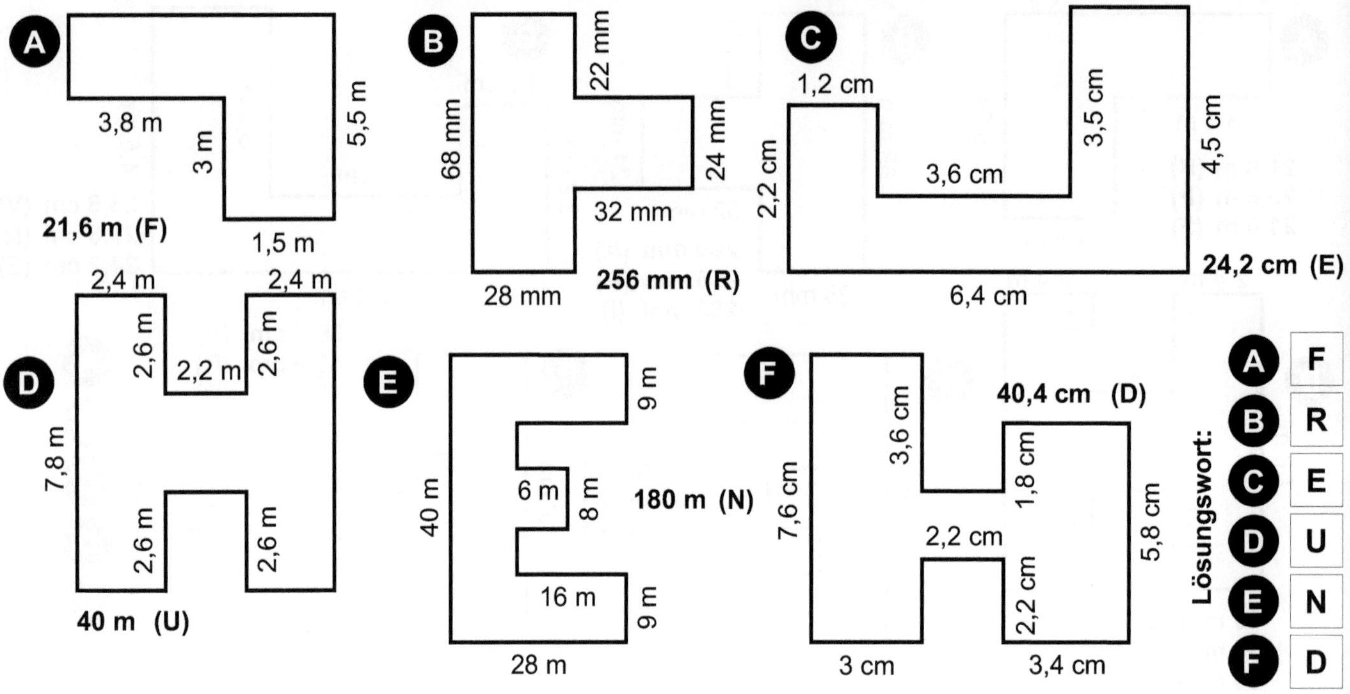

A 3,8 m; 3 m; 5,5 m; 1,5 m — **21,6 m (F)**

B 22 mm; 68 mm; 24 mm; 32 mm; 28 mm — **256 mm (R)**

C 1,2 cm; 2,2 cm; 3,6 cm; 3,5 cm; 4,5 cm; 6,4 cm — **24,2 cm (E)**

D 2,4 m; 2,4 m; 2,6 m; 2,2 m; 2,6 m; 7,8 m; 2,6 m; 2,6 m — **40 m (U)**

E 9 m; 6 m; 8 m; 40 m; 16 m; 9 m; 28 m — **180 m (N)**

F 3,6 cm; 1,8 cm; 7,6 cm; 2,2 cm; 5,8 cm; 2,2 cm; 3 cm; 3,4 cm — **40,4 cm (D)**

Lösungswort:

A	F
B	R
C	E
D	U
E	N
F	D

Station E

Körpernetze

Welches Netz gehört zu welchem Körper? Die auf den Verbindungslinien Körper-Netz befindlichen Buchstaben ergeben ein Lösungswort.

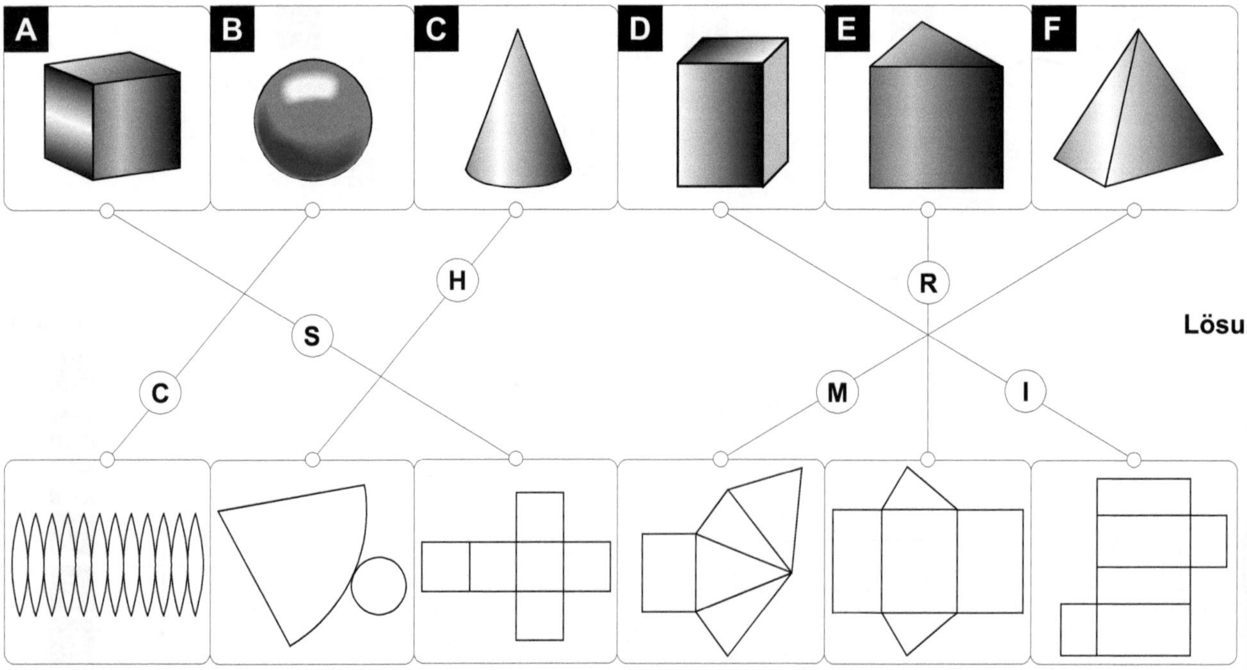

A B C D E F

H R S C M I

Lösungswort:

A	S
B	C
C	H
D	I
E	R
F	M

Station

Sachaufgaben Maßstab

Löse die Aufgaben. Die Kennbuchstaben bei den richtigen Antworten ergeben ein Lösungswort.

A

Auf einer Karte haben zwei Orte eine Entfernung von 9 cm. In Wirklichkeit sind sie jedoch 450 km voneinander entfernt. Bestimme den Maßstab der Karte.

- **S** 1 : 50000
- **K** 1 : 500000
- **T** 1 : 5000000

B

Eine Modelleisenbahn (Typ H0) ist im Maßstab 1 : 87 gebaut. Auf seiner Anlage hat Kai 12 m Schienen verbaut. Wie lang wäre diese Strecke in Wirklichkeit?

- **I** 1,044 km
- **A** 1,034 km
- **P** 1,054 km

C

In einem Biologiebuch ist ein Insekt 56 mm lang abgebildet. Der Maßstab ist 8 : 1. Wie lang ist das Insekt tatsächlich?

- **A** 8 mm
- **S** 7 mm
- **T** 6 mm

D

Das Modell eines Autos wurde im Maßstab 1 : 50 erstellt und ist 6,9 cm lang.
Wie lang ist das Auto in Wirklichkeit?

- **C** 3,45 m
- **Z** 3,65 m
- **T** 3,85 m

E

Die Wandertruppe „Stramme Wade" hat auf einer Wanderkarte im Maßstab 1 : 50 000 festgestellt, dass es bis zur nächsten Bushaltestelle noch 18 cm sind. Welchen Weg müssen sie noch zurücklegen?

- **E** 12 km
- **Z** 8 km
- **H** 9 km

Lösungswort:

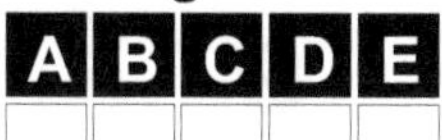

A	B	C	D	E

Station

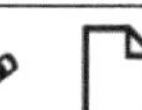

Sachaufgaben Körper

Löse die Aufgaben. Die Kennbuchstaben bei den richtigen Antworten ergeben ein Lösungswort.

A

Ein Würfel hat eine Oberfläche von 54 cm². Berechne sein Volumen?

- **S** 8 cm³
- **L** 64 cm³
- **K** 27 cm³

B

Ein Würfel hat eine Kantenlänge von 8 cm. Berechne seine Oberfläche.

- **A** 384 cm²
- **O** 388 cm²
- **P** 392 cm²

C

Ein Quader ist 8 cm lang, 6 cm breit und 3 cm hoch. Bei einem zweiten Quader wurden diese Maß alle verdoppelt. Wie oft passt der kleinere Quader in den größeren Quader?

- **A** zweimal
- **R** achtmal
- **T** viermal

D

Berechne die Oberfläche eines Quaders mit a = 9 dm, b = 7 dm und c = 3 dm.

- **I** 218 dm²
- **T** 222 dm²
- **P** 224 dm²

E

Ein Aquarium ist 8 dm lang und 5 dm breit. Wenn es ganz gefüllt werden soll, benötigt man 160 l Wasser. Welche Höhe hat das Aquarium?

- **C** 0,5 m
- **E** 3,5 dm
- **O** 40 cm

F

Beim Bau eines Hauses wird eine Grube von 15 m Länge, 7 m Breite und 3 m Tiefe ausgehoben. Der anfallende Aushub wurde mit einem Lkw, der 15 m³ Erde fasst, abgefahren. Wie oft fuhr der Lkw?

- **N** 21-mal
- **Z** 22-mal
- **H** 24-mal

Lösungswort:

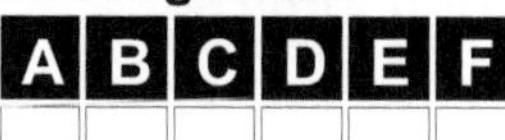

A	B	C	D	E	F

Station

Sachaufgaben Maßstab

Löse die Aufgaben. Die Kennbuchstaben bei den richtigen Antworten ergeben ein Lösungswort.

A

Auf einer Karte haben zwei Orte eine Entfernung von 9 cm. In Wirklichkeit sind sie jedoch 450 km voneinander entfernt. Bestimme den Maßstab der Karte.

T 1 : 5000000

B

Eine Modelleisenbahn (Typ H0) ist im Maßstab 1 : 87 gebaut. Auf seiner Anlage hat Kai 12 m Schienen verbaut. Wie lang wäre diese Strecke in Wirklichkeit?

I 1,044 km

C

In einem Biologiebuch ist ein Insekt 56 mm lang abgebildet. Der Maßstab ist 8 : 1. Wie lang ist das Insekt tatsächlich?

S 7 mm

D

Das Modell eines Autos wurde im Maßstab 1 : 50 erstellt und ist 6,9 cm lang.
Wie lang ist das Auto in Wirklichkeit?

C 3,45 m

E

Die Wandertruppe „Stramme Wade" hat auf einer Wanderkarte im Maßstab 1 : 50 000 festgestellt, dass es bis zur nächsten Bushaltestelle noch 18 cm sind. Welchen Weg müssen sie noch zurücklegen?

H 9 km

Lösungswort:

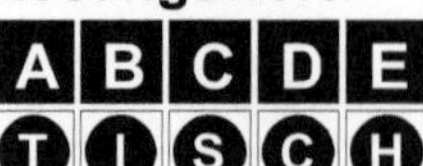

A	B	C	D	E
T	I	S	C	H

Station

Sachaufgaben Körper

Löse die Aufgaben. Die Kennbuchstaben bei den richtigen Antworten ergeben ein Lösungswort.

A

Ein Würfel hat eine Oberfläche von 54 cm². Berechne sein Volumen?

K 27 cm³

B

Ein Würfel hat eine Kantenlänge von 8 cm. Berechne seine Oberfläche.

A 384 cm²

C

Ein Quader ist 8 cm lang, 6 cm breit und 3 cm hoch. Bei einem zweiten Quader wurden diese Maß alle verdoppelt. Wie oft passt der kleinere Quader in den größeren Quader?

R achtmal

D

Berechne die Oberfläche eines Quaders mit a = 9 dm, b = 7 dm und c = 3 dm.

T 222 dm²

E

Ein Aquarium ist 8 dm lang und 5 dm breit. Wenn es ganz gefüllt werden soll, benötigt man 160 l Wasser. Welche Höhe hat das Aquarium?

O 40 cm

F

Beim Bau eines Hauses wird eine Grube von 15 m Länge, 7 m Breite und 3 m Tiefe ausgehoben. Der anfallende Aushub wurde mit einem Lkw, der 15 m³ Erde fasst, abgefahren. Wie oft fuhr der Lkw?

N 21-mal

Lösungswort:

A	B	C	D	E	F
K	A	R	T	O	N

E

Station

Umfang von Figuren

Wie groß sind die Umfänge der Figuren in mm?

A

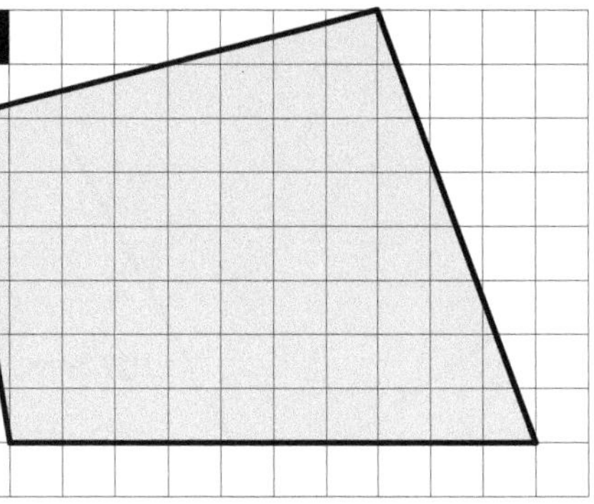

B

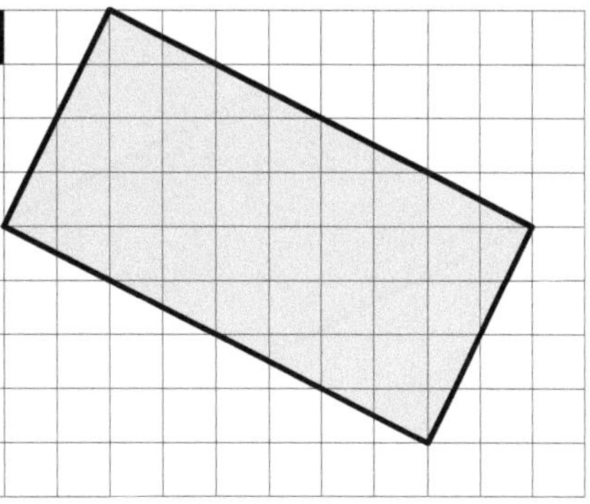

C

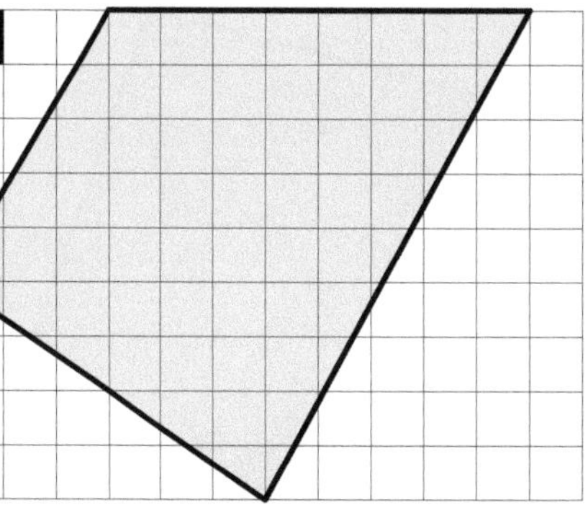

D

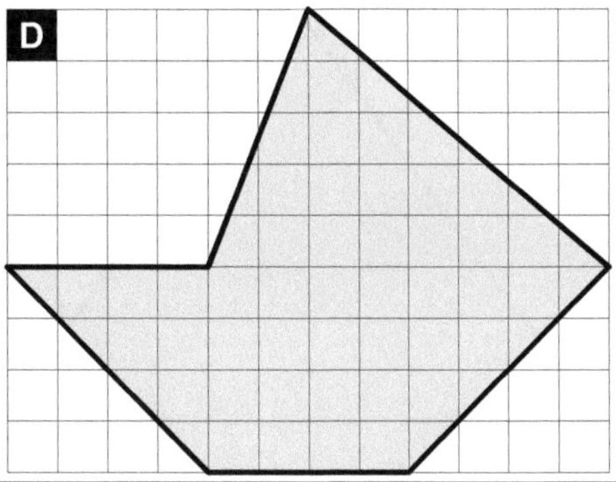

E

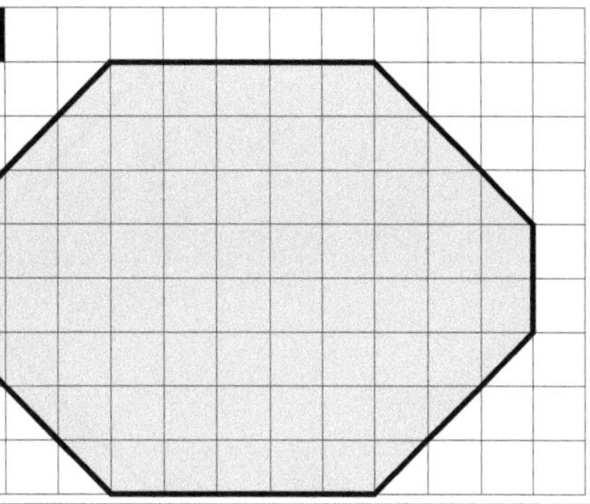

F

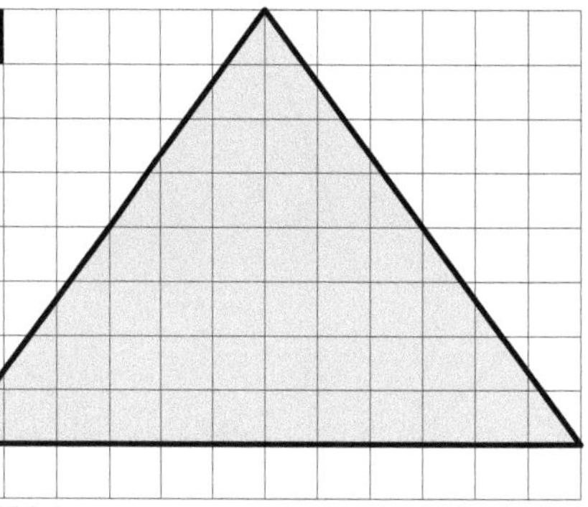

E

Station

Ecken geometrischer Körper

Bestimme die Anzahl der Ecken der abgebildeten Körper. Die Buchstaben der richtigen Antworten ergeben das Lösungswort.

A	B	C	D	E	F
R 8	O 1	N 7	R 10	I 2	O 5
B 9	I 0	S 8	D 11	M 0	L 4
L 7	R 2	D 9	I 12	K 1	A 3

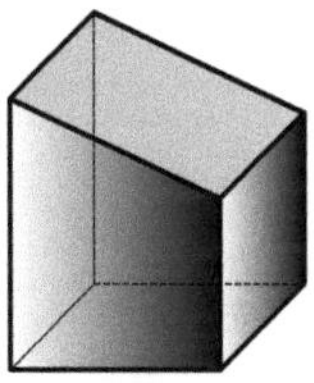

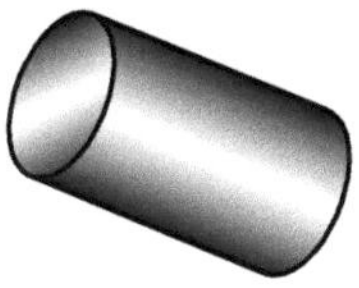

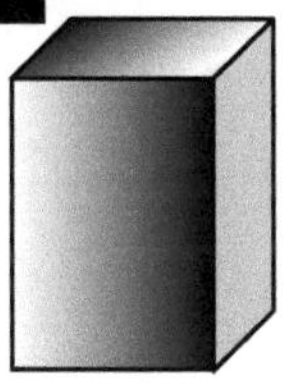

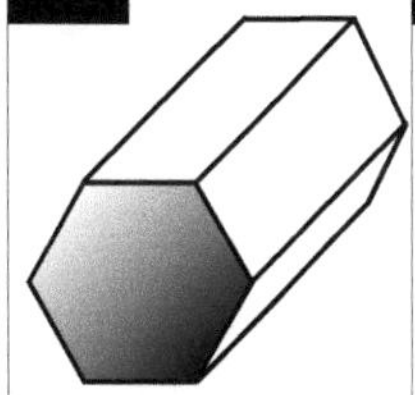

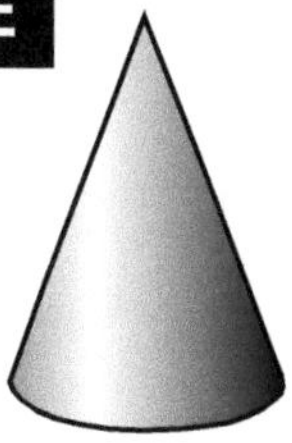

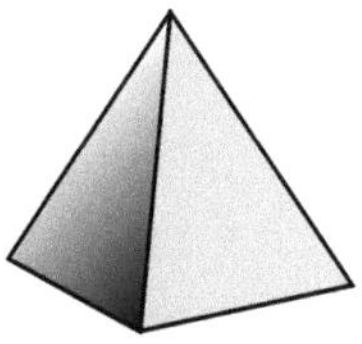

	A	B	C	D	E	F
Lösungswort:						

Station

E

Umfang von Figuren

Wie groß sind die Umfänge der Figuren in mm?

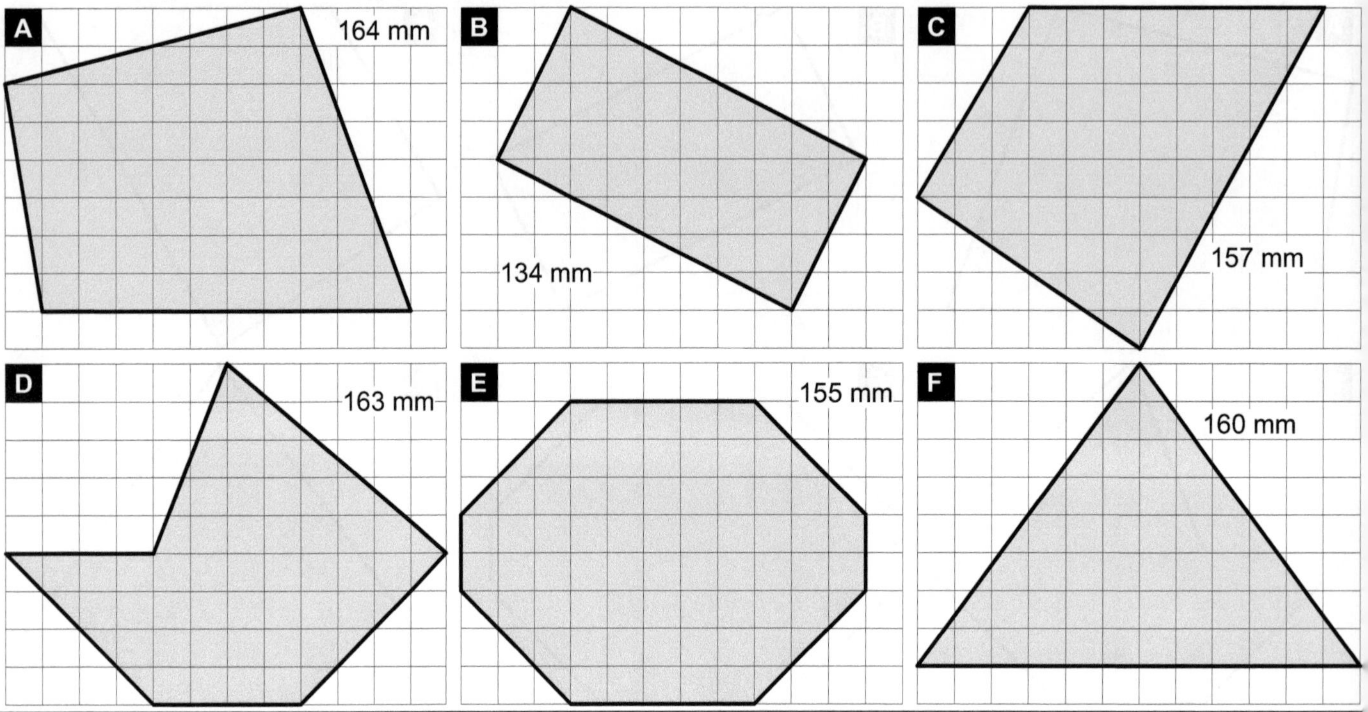

A
164 mm
B
134 mm
C
157 mm
D
163 mm
E
155 mm
F
160 mm

Station

E

Ecken geometrischer Körper

Bestimme die Anzahl der Ecken der abgebildeten Körper. Die Buchstaben der richtigen Antworten ergeben das Lösungswort.

A
R 8
B
I 0
C
S 8
D
I 12
E
K 1
F
O 5

Lösungswort:

A	B	C	D	E	F
R	I	S	I	K	O

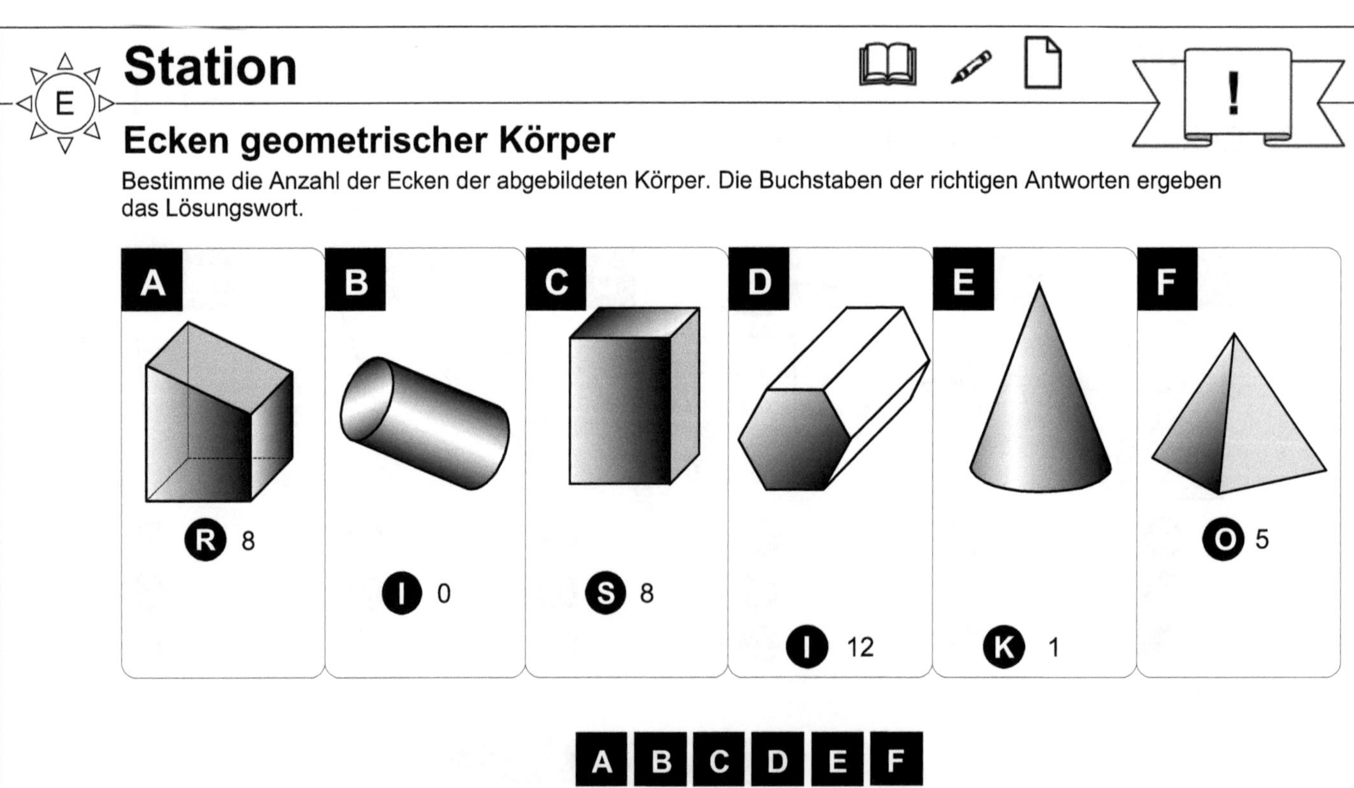

Station E

Sachaufgaben Flächenberechnung

Löse die Aufgaben. Die Kennbuchstaben bei den richtigen Lösungen ergeben ein Lösungswort.

A Ein Platz ist 75 m lang und 80 m breit. Gib seine Fläche in m² an.

(G) 5900 m² (T) 6000 m² (B) 5950 m²

B Bauer Q. Dung hat eine 48 m lange und 34 m breite Wiese, auf der seine Schafe grasen. Wie groß ist die Fläche in a?

(A) 15,94 a (C) 16,14 a (R) 16,32 a

C Auf einem Schulhof wird ein 14 m langer und 2,10 m breiter Weg angelegt. Wie viele Pflastersteine 10 cm x 10 cm werden dafür benötigt?

(E) 2940 (L) 2950 (I) 2980

D Ein Zimmer von 5,50 m Länge und 4 m Breite wird mit Teppichboden ausgelegt. Ein Quadratmeter kostet 51,20 €. Welche Kosten entstehen?

(A) 1118,80 € (P) 1124,20 € (S) 1126,40 €

E In einem Hotel werden die 23 Zimmer von je 12 m² mit Teppichboden belegt. Ein Quadratmeter kostet 38 €.

(O) 10488 € (A) 11488 € (P) 12488 €

F Ein Schwimmbecken ist 40 m lang und 27,50 m breit. Um dieses Becken wird ein 1,75 m breiter Weg gefliest. Die Fliesen sollen 50 cm lang und 20 cm breit sein. Eine Fliese kostet 2,10 €. Wie hoch sind die Kosten mindestens?

(M) 5182,50 € (R) 5218,50 € (E) 5337,50 €

Lösungswort:

A	
B	
C	
D	
E	
F	

Station E

Vergrößern und Verkleinern

Vergrößere die Körper im Maßstab 2 : 1.

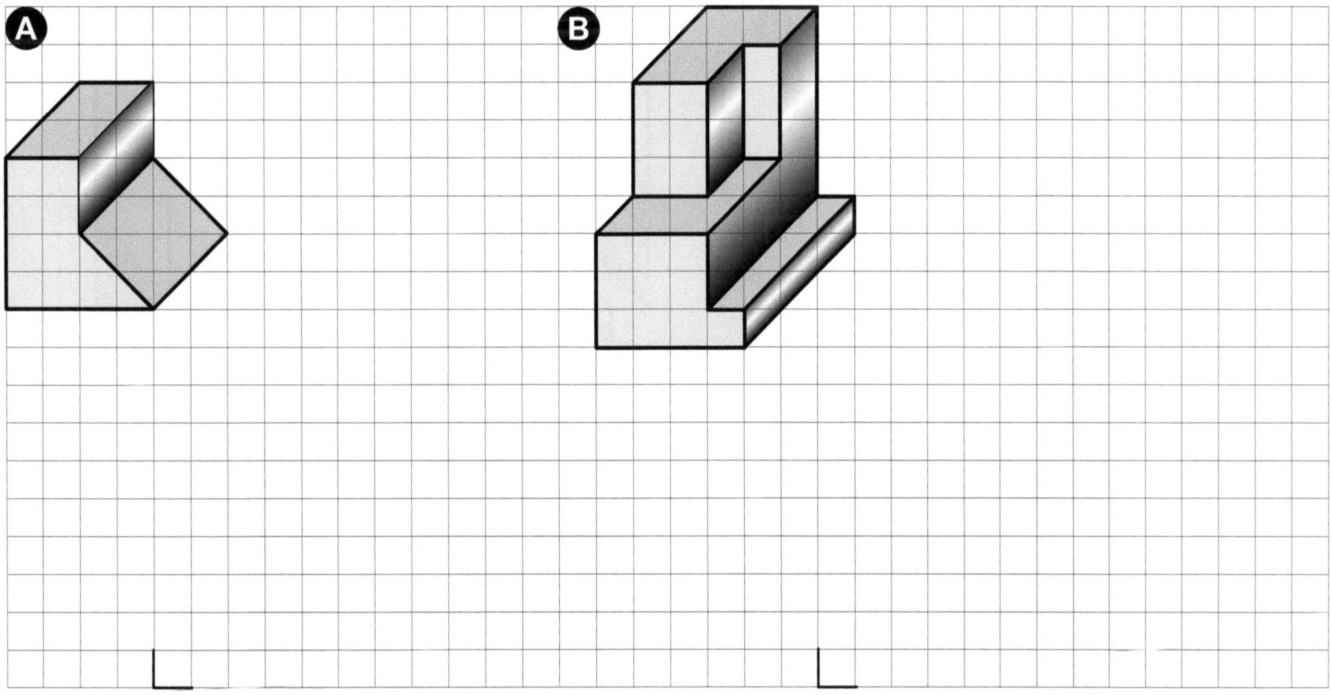

(A)

(B)

Station

Sachaufgaben Flächenberechnung

Löse die Aufgaben. Die Kennbuchstaben bei den richtigen Lösungen ergeben ein Lösungswort.

A Ein Platz ist 75 m lang und 80 m breit. Gib seine Fläche in m² an.

(T) 6000 m²

B Bauer Q. Dung hat eine 48 m lange und 34 m breite Wiese, auf der seine Schafe grasen. Wie groß ist die Fläche in a?

(R) 16,32 a

C Auf einem Schulhof wird ein 14 m langer und 2,10 m breiter Weg angelegt. Wie viele Pflastersteine 10 cm x 10 cm werden dafür benötigt?

(E) 2940

D Ein Zimmer von 5,50 m Länge und 4 m Breite wird mit Teppichboden ausgelegt. Ein Quadratmeter kostet 51,20 €. Welche Kosten entstehen?

(S) 1126,40 €

E In einem Hotel werden die 23 Zimmer von je 12 m² mit Teppichboden belegt. Ein Quadratmeter kostet 38 €.

(O) 10488 €

F Ein Schwimmbecken ist 40 m lang und 27,50 m breit. Um dieses Becken wird ein 1,75 m breiter Weg gefliest. Die Fliesen sollen 50 cm lang und 20 cm breit sein. Eine Fliese kostet 2,10 €. Wie hoch sind die Kosten mindestens?

(R) 5218,50 €

Lösungswort:

A	T
B	R
C	E
D	S
E	O
F	R

Station

E

Vergrößern und Verkleinern

Vergrößere die Körper im Maßstab 2 : 1.

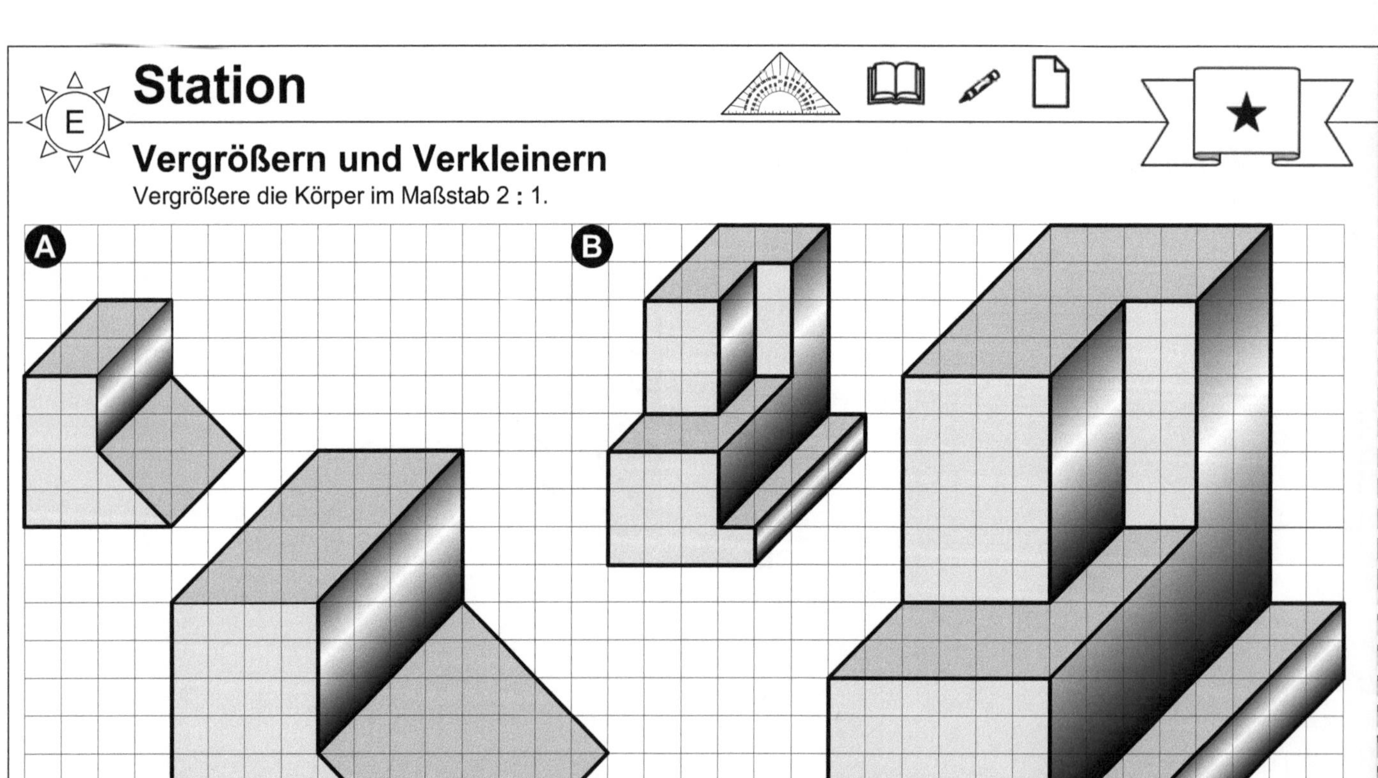

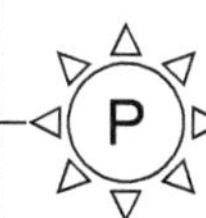

Station

Winkel einstellen mit dem Geodreieck

Stecht ein kleines Loch in die gekennzeichnete Stelle des Geodreiecks. Fädelt nun einen Bindfaden ein und verklebt ihn auf der Rückseite mit einem Klebestreifen. Ihr könnt jetzt mit Hilfe des Bindfadens Winkel spannen. Abwechselnd bestimmt ihr die Größe des eingestellten Winkels auf etwa 1 Grad genau. Wechselt euch dabei ab.

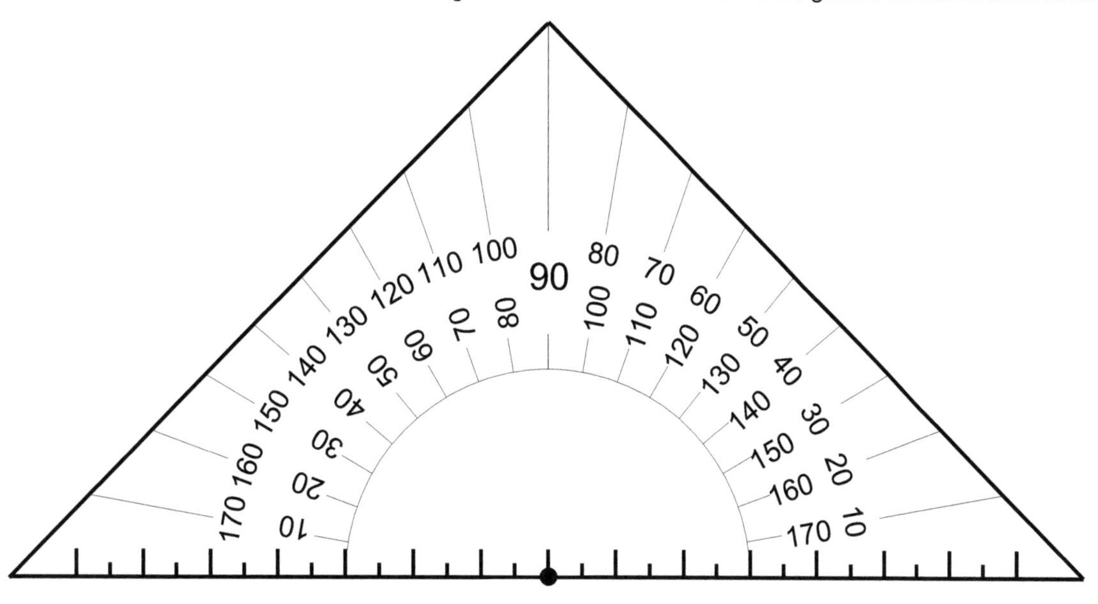

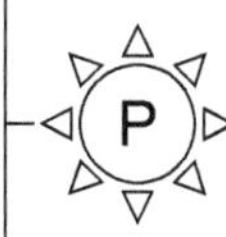

Station

Schätzen von Winkeln

Steckt beide Scheiben so ineinander, dass auf der Vorder- und Rückseite die graue Tönung und auf der beschrifteten Seite 0° zu sehen ist. Durch Drehen der Scheibe könnt ihr einen Winkel einstellen, den ihr als graue Fläche seht. Auf der Rückseite könnt ihr feststellen, wie groß dieser Winkel ist. Abwechselnd sollt ihr jetzt schätzen, wie groß der jeweils eingestellte Winkel ist. Wer am genauesten schätzt, hat natürlich gewonnen.

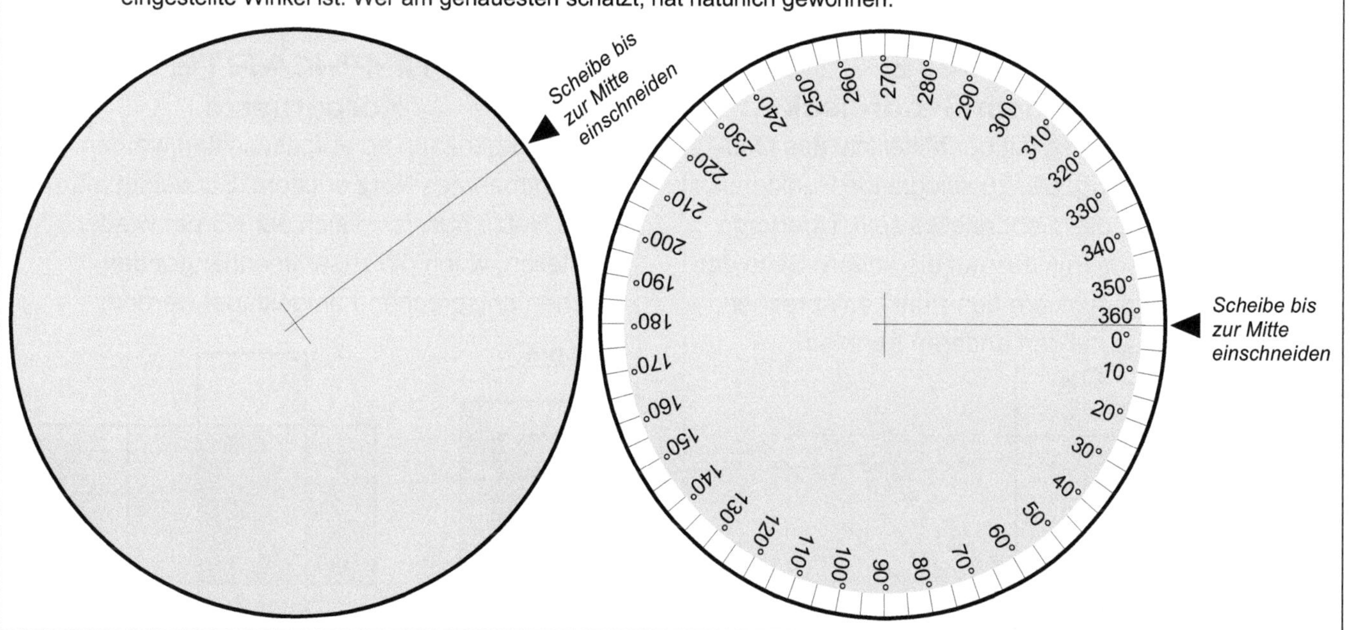

TIPP-KARTE
Ebene Figuren

Ebene Figuren bestehen aus einer Fläche. Sie werden meist nach der Anzahl ihrer Ecken benannt.

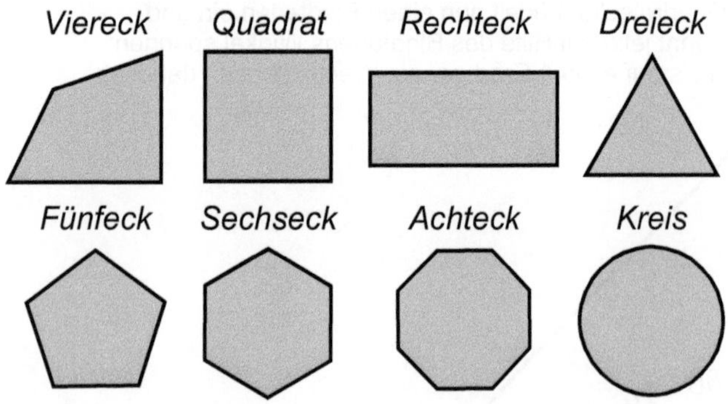

*Bei ebenen Figuren kann man den **Umfang** berechnen. Dafür werden alle Seitenlängen der Figur addiert. Beim Kreis geht das aber leider nicht.*

TIPP-KARTE
Schrägbilder

Durch **Schrägbilder** kann man einen Körper anschaulich darstellen. Strecken, die nach hinten verlaufen, werden schräg gezeichnet. Dazu benutzt man die Diagonalen der Rechenkästchen, d. h. schräge Linien verlaufen unter einem Winkel von 45°.

Beispiel:

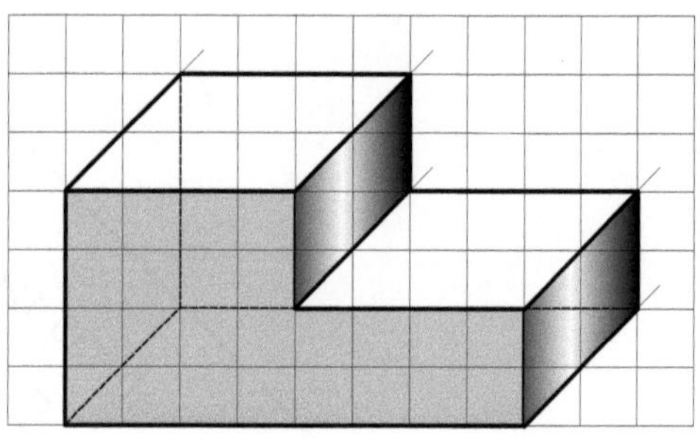

TIPP-KARTE
Maßstab (Verkleinern)

Oftmals müssen besonders große Dinge verkleinert dargestellt werden, um sie überhaupt auf Papier bringen zu können. Damit man weiß, wie groß sie in Wirklichkeit sind, wird der **Maßstab der Verkleinerung** angegeben.

Beispiel:

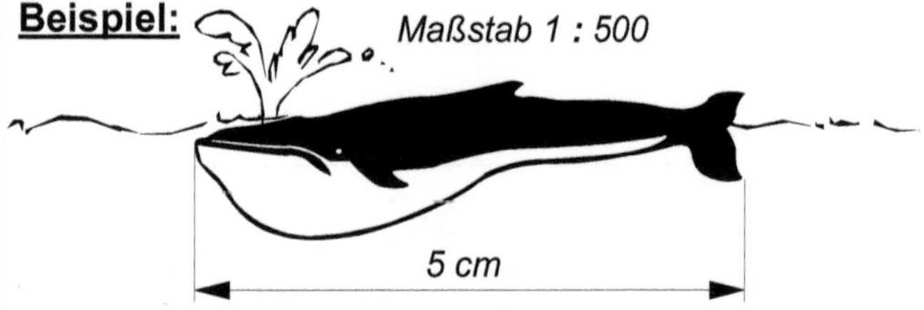

***Maßstab 1 : 500** bedeutet, dass eine Strecke von 1 cm auf einer Zeichnung in Wirklichkeit 500 cm (5 m) lang ist. Der Blauwal ist also in Wirklichkeit 2500 cm oder 25 m lang.*

TIPP-KARTE
Maßstab (Vergrößern)

Oftmals müssen besonders kleine Dinge vergrößert dargestellt werden, um Einzelheiten besser erkennen zu können. Damit man weiß, wie klein sie in Wirklichkeit sind, wird der **Maßstab der Vergrößerung** angegeben.

Beispiel:

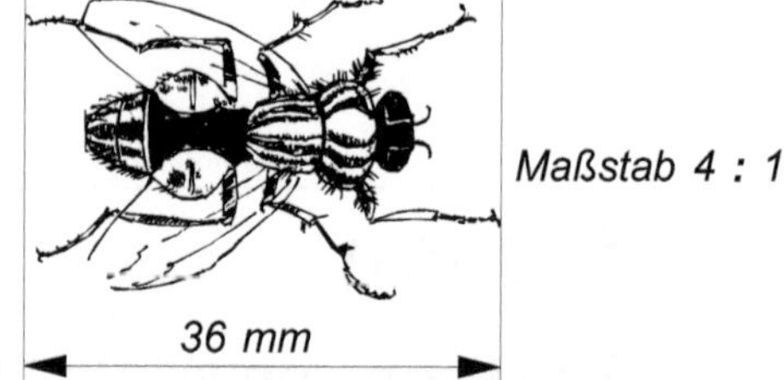

***Maßstab 4 : 1** bedeutet, dass die Fliege viermal so klein ist wie gezeichnet. Sie ist also nicht 36 mm lang, sondern nur 9 mm.*

TIPP-KARTE
Spiegeln mit dem Geodreieck

Bringe die Spiegelachse mit der Mittellinie des Geodreiecks zur Deckung. Der zu spiegelnde Punkt muss an der Unterkante des Geodreiecks sein. Übertrage den Abstand dieses Punktes auf die andere Seite der Spiegelachse und markiere den Punkt entsprechend. Verfahre genau so mit den anderen Punkten.

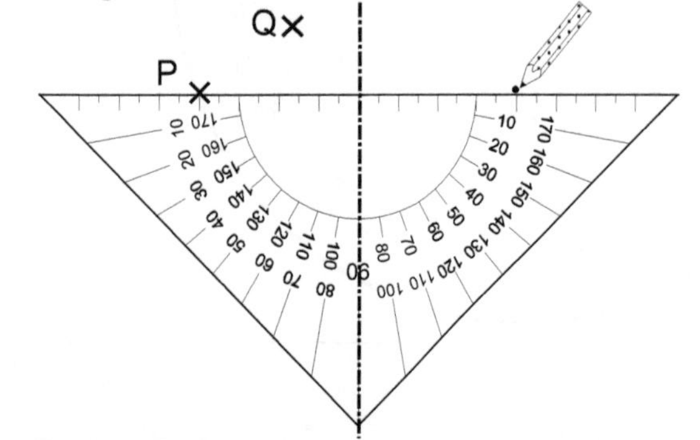

TIPP-KARTE
Körpernetze

Jeder Körper kann so aufgeschnitten werden, dass ein sogenanntes **Netz** entsteht. Schneidet man diese Netze aus, lässt sich der Körper wieder herstellen, wenn die zusammenhängenden Flächen entsprechend umgeklappt werden.

Beispiel:

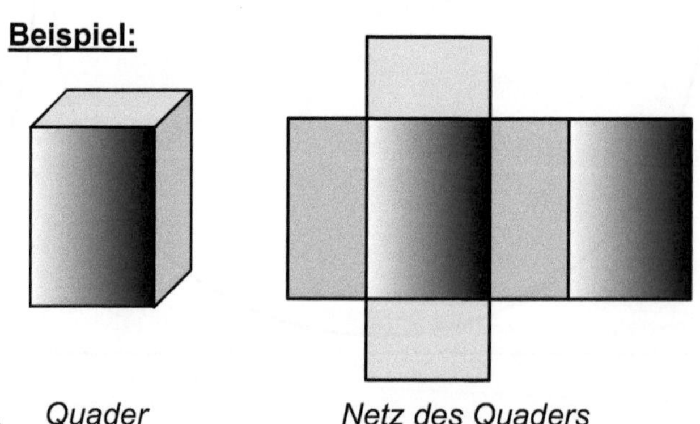

TIPP-KARTE
Achsensymmetrische Figuren

Eine Figur heißt **achsensymmetrisch**, wenn es eine Gerade als Achse gibt, die die Figur in zwei deckungsgleiche Hälften zerlegt. Die Achse heißt **Spiegel-** oder **Symmetrieachse**.

Beispiel:

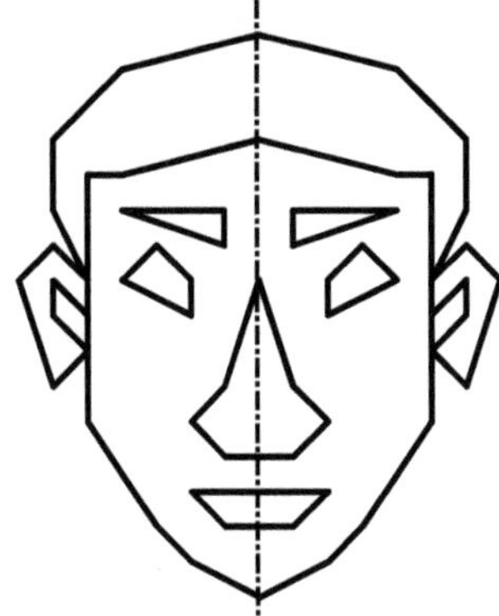

TIPP-KARTE
Parallel und senkrecht

- Linien verlaufen parallel, wenn sie an allen Punkten den gleichen Abstand voneinander haben. Du kannst das überprüfen, indem du den Abstand an verschiedenen Stellen misst.

Beispiel: *Der Abstand beträgt 5 mm.*

- Senkrechte stehen immer in einem rechten Winkel (90°) aufeinander. Lege zum Messen den rechten Winkel eines Geodreiecks an.

Die beiden Geraden stehen nicht senkrecht zueinander.

Die beiden Geraden stehen senkrecht zueinander.

TIPP-KARTE
Drehsymmetrische Figuren

Wenn eine Figur nach dem Drehen um einen Drehpunkt wieder mit der Originalfigur zur Deckung kommt, dann nennt man sie **drehsymmetrisch**.

Beispiel:

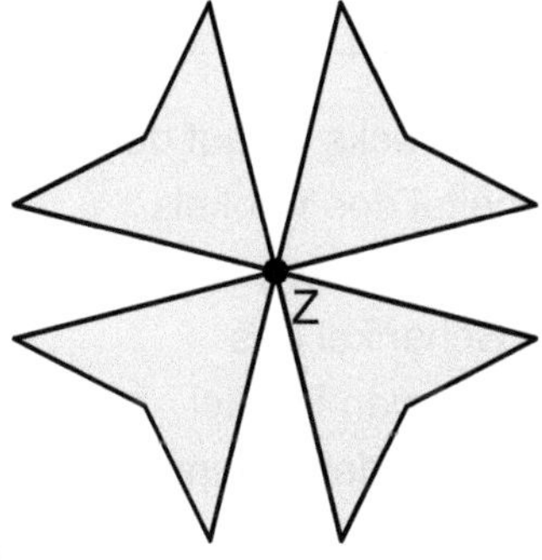

Diese Figur ist drehsymmetrisch. Wenn du sie z. B. um 90° (180°, 270°) drehst, kommt sie mit sich selbst wieder zur Deckung. Probiere es einmal selbst aus.

TIPP-KARTE
Flächeninhalt

Der **Flächeninhalt** einer Figur gibt an, wie groß die eingeschlossene Fläche dieser Figur ist. Den Flächeninhalt ermittelt man, indem man die Figur mit **Einheitsquadraten** auslegt. Einheitsquadrate sind z. B. Quadrate mit einer Seitenlänge von 1 mm, 1 cm, 1 dm, 1 m oder 1 km.

Einheitsquadrat 1 cm^2 In 1 cm^2 passen 100 mm^2

Beispiel:

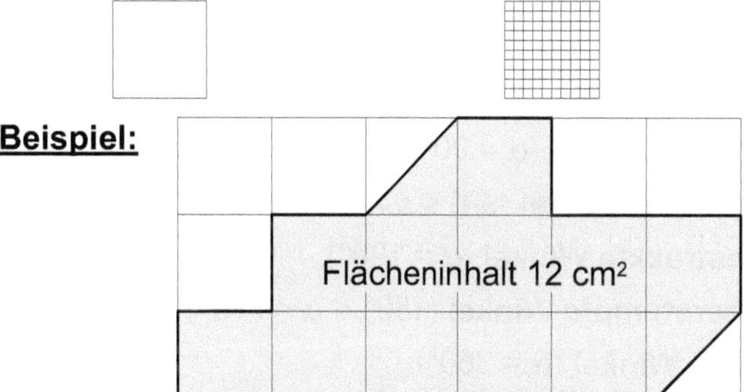

TIPP-KARTE
Quadrat und Rechteck

Sind die Seitenlängen eines Rechtecks in derselben Längeneinheit angegeben, dann erhält man den **Flächeninhalt A des Rechtecks**, indem man die Maßzahlen der Seitenlängen a und b miteinander multipliziert und die entsprechende Flächeneinheit dazuschreibt.

Es gilt die Formel **A = a • b**.

Beispiel: a = 5 cm, b = 7 cm
A = 5 cm • 7 cm = 35 cm^2

Für den **Flächeninhalt A eines Quadrats** mit der Seitenlänge a gilt die Formel **A = a • a.**

Beispiel: a = 7,5 dm
A = 7,5 dm • 7,5 dm = 56,25 dm^2

TIPP-KARTE
Geometrische Körper

Geometrische Körper werden von Flächen begrenzt.
Ein Körper heißt Prisma, wenn zwei Flächen zueinander parallel und deckungsgleich sind.

Beispiele:

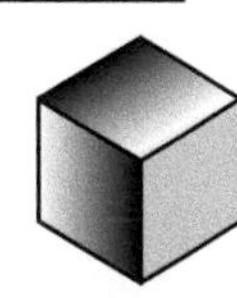
Würfel

Quader

Zylinder

Kegel

Kugel

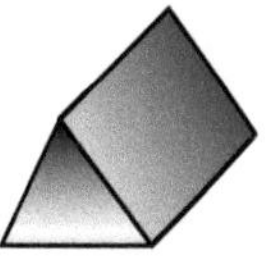
Prisma

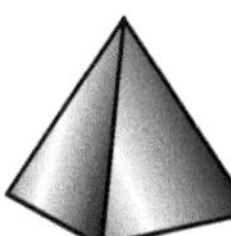
Pyramide

TIPP-KARTE
Parkettieren

Bei einer **Parkettierung** wird eine Fläche lückenlos überdeckt. Für eine Parkettierung wird ein passendes Grundmuster in verschiedene Richtungen verschoben. Passend sind Grundmuster immer dann, wenn man sie lückenlos aneinander anlegen kann.

Beispiele:

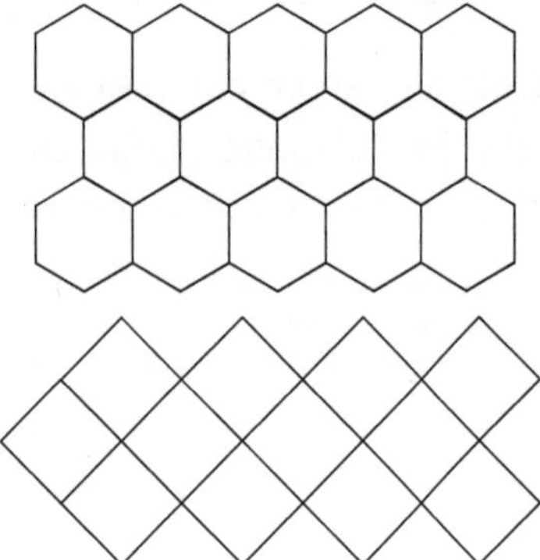

TIPP-KARTE
Strecke, Strahl, Gerade

Eine gerade Linie, die sowohl einen Anfangspunkt als auch einen Endpunkt hat, nennt man **Strecke**.

Beispiele:

Eine gerade Linie, die einen Anfangspunkt, aber keinen Endpunkt hat, nennt man **Strahl**.

Beispiel:

Eine gerade Linie ohne einen Anfangs- oder Endpunkt, nennt man Gerade.

Beispiel:

TIPP-KARTE
Winkel und Winkelarten

Jeder Winkel besitzt einen **Scheitelpunkt S** und zwei **Schenkel**, das sind Strahlen, die in S beginnen. Winkel werden in **Grad** gemessen und mit kleinen griechischen Buchstaben (α, β, γ, δ, ε, ...) bezeichnet.

S, α, Schenkel, Schenkel

Es gibt

spitze Winkel ($0° < \alpha < 90°$),
rechte Winkel ($\alpha = 90°$),
stumpfe Winkel ($90° < \alpha < 180°$),
gestreckte Winkel ($\alpha = 180°$),
überstumpfe Winkel ($180° < \alpha < 360°$) und
volle Winkel ($\alpha = 360°$).

TIPP-KARTE
Winkel messen mit dem Geodreieck

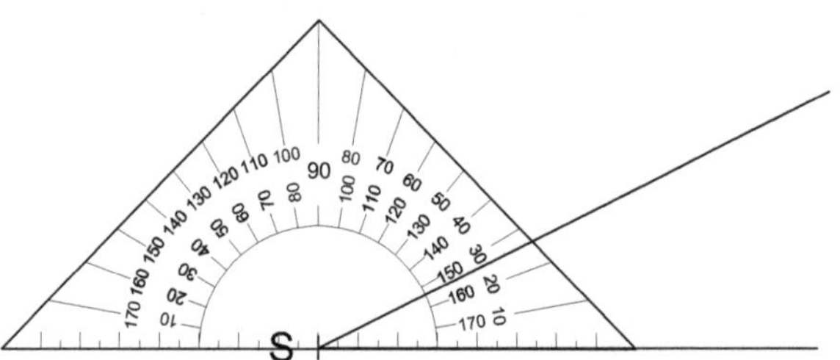

Lege den Nullpunkt des Geodreiecks so auf den Winkel, dass er mit dem Scheitel des Winkels deckungsgleich ist. Bringe die Unterkante des Geodreiecks mit dem einen Schenkel des Winkels zu Deckung. Du kannst den Winkel jetzt ablesen. Wähle dafür die Gradeinteilung, die bei 0° beginnt.

TIPP-KARTE
Koordinatensystem

Um die Lage eines Punktes genau beschreiben zu können, verwendet man eine Netz aus senkrecht aufeinanderstehenden Linien, das sogenannte **Koordinatensystem**. Ein Punkt im Koordinatensystem wird durch ein Zahlenpaar beschrieben, z. B. P(4|2). Die erste Zahl heißt **Rechtswert**, die zweite Zahl **Hochwert** des Punktes. Beide zusammen nennt man die **Koordinaten** des Punktes P.

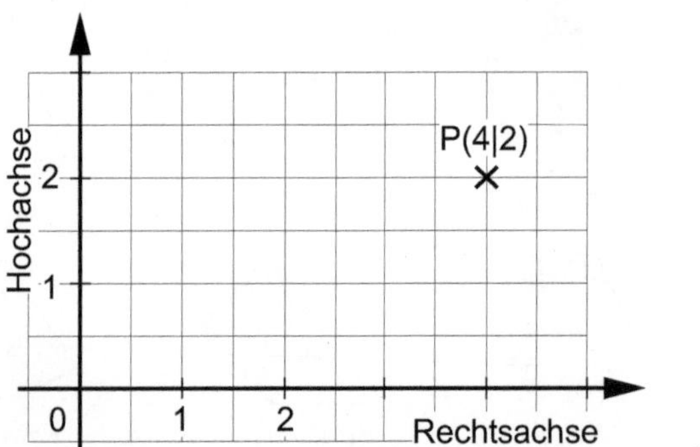

TIPP-KARTE
Volumen und Oberfläche
Würfel und Quader

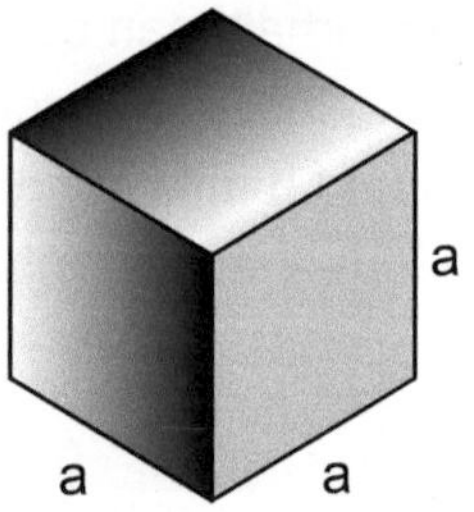

$V = a \cdot a \cdot a$

$O = 6 \cdot a \cdot a$

Beispiel: a = 4 cm

$V = 4\text{ cm} \cdot 4\text{ cm} \cdot 4\text{ cm}$

$V = 64\text{ cm}^3$

$O = 6 \cdot 4\text{ cm} \cdot 4\text{ cm}$

$O = 96\text{ cm}^2$

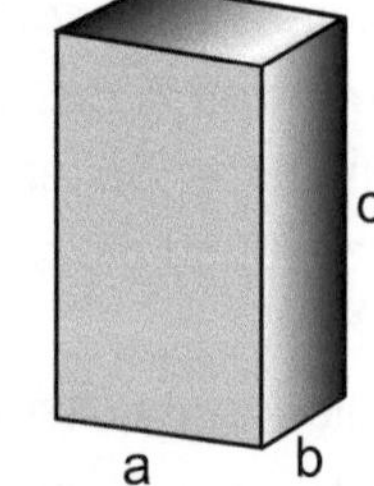

$V = a \cdot b \cdot c$

$O = 2 \cdot (a \cdot b + a \cdot c + b \cdot c)$

Beispiel: a = 4 cm
b = 3 cm
c = 5 cm

$V = 60\text{ cm}^3$

$O = 94\text{ cm}^2$